U0185075

空间治愈

[韩]尹柱喜 著
盛辉 译

Psychology | Therapy | Ritual | Lifestyle | Layered Home

北京日报出版社

图书在版编目（CIP）数据

空间治愈 / (韩) 尹柱喜著 ; 盛辉译. -- 北京 : 北京日报出版社, 2022.8

ISBN 978-7-5477-4334-8

Ⅰ. ①空… Ⅱ. ①尹… ②盛… Ⅲ. ①住宅－室内装饰设计－建筑艺术－艺术心理学 Ⅳ. ①TU-85

中国版本图书馆CIP数据核字(2022)第103741号

著作权合同登记 图字：01-2022-3022号

空间治愈

责任编辑：史　琴
助理编辑：秦　姚
监　　制：黄　利　万　夏
特约编辑：曹莉丽　鞠媛媛　徐彤乐
营销支持：曹莉丽
版权支持：王福娇
装帧设计：紫图装帧
出版发行：北京日报出版社
地　　址：北京市东城区东单三条8-16号东方广场东配楼四层
邮　　编：100005
电　　话：发行部：（010）65255876
　　　　　总编室：（010）65252135
印　　刷：艺堂印刷（天津）有限公司
经　　销：各地新华书店
版　　次：2022年8月第1版
　　　　　2022年8月第1次印刷
开　　本：880毫米×1230毫米　1/32
印　　张：8.25
字　　数：122千字
定　　价：69.90元

通过空间来深刻洞察人的心理

朴祥希[1]

本书对于心理方面的深刻理解是您在其他任何一位整理专家所著的书中都无法看到的。本书的作者深知空间反映了人们的生活状态，空间与人的心理紧密相连。空间，是指人居住的地方。作者认为，在这里“我”可以得到休息，“受伤的心灵”可以得到安抚，“我们”可以变得更加亲近，“受伤的我们”可以相互安慰。她的这一观点令人感到治愈。

1 朴祥希：韩国心理危机干预师、心理咨询师，莎伦心理健康研究所所长。

作者从小就拥有整理天赋，长大后凭借非凡的整理能力成为空间整理师。她在为客户整理房子，教会客户如何进行整理的同时，也观察到了他们的人生。在整理的过程中，客户向她倾诉整理房子的困扰和生活的艰辛，她也会在整理后向客户分享自己的感受——感受到希望和治愈。每次结束后都能看到客户流下感动的泪水，这让她深切体会到整理不仅仅是让空间发生了物理变化，也可以改变他人的生活。

她还明白了人可以将生活的碎片，即爱情、离别、幸福、期待、希望、绝望、陪伴、孤独、欢喜、痛苦、回忆等不断积攒到自己的生活空间中。

> 过去无法整理，未来又让人不安，因此既无法丢弃，也无法整理，结果就慢慢地积攒起来。我们需要清醒地认识到自己混乱的内心，诚如清空家里的垃圾一样，如果能将无法整理的内心一点点整理好的话，何尝不是一种能够恢复心理健康的方法呢？

作者对人们的心理洞察是正确的。对于那些不太擅长整理的人来说，他们的心理状态非常复杂。当然，这可以解释是因为没有时间、工作多，或是还没有养成整理的习惯等。但如果把自己生活的空间搞到令人痛苦的地步，那么说明他们一定有更确切的心理原因。也许是因为过去的创伤和痛苦的回忆还没有得到解决而层层堆积，或是对未来的恐惧正支配着现在的生活。作者在本书中介绍的囤积强迫症、哀悼、渴求与他人建立关系等实例，都证明了这一点。

> 每次整理结束后客户流下眼泪，与其说是因为自己家的环境变好了，不如说这是发自内心深处的情感表达。在整理物品的过程中，抚摸着这些物品，选出需要丢弃的部分，这就像是再次回顾了自己的人生经历，因此这些泪水可能是为自己的过往而流的回忆之泪，也可能是终于清除了积攒已久的陈年旧物而流的痛快之泪。整理空间的过程，也是不断地碰触内心某个角落的过程，这与弗洛伊德（Freud）所说的无意识的世界很相似。

生活空间的改变会碰触到内心深处的潜意识，作者的这一解读正好与之相同。潜意识隐藏在人们精神的最深处，这是一种看不见的力量，可以完全控制人有意识地进行思考和行动。其实，人们在生活中由于某些原因，被压制的经验或想法并没有消失，而是陷入了潜意识之中，随着生活继续，它们又会逐渐显现。我们长久生活的居住空间的变化动摇了被压制的潜意识，因此这种变化有助于我们表达开心、欢喜、惋惜、思念等情感。

书中我本人最感兴趣的内容是患有躯体化或愤怒症候群的客户通过改变生活空间而获得安慰的相关介绍。截至目前，所有整理师出版的书中，虽然读过将空间与囤积强迫症、抑郁症症状联系起来进行解读的内容，但还没有看过与躯体化和愤怒症候群等症状联系起来进行深入解读的书。躯体化是指身体上没有任何疾病，只是因为心里不舒服而导致躯体疼痛。美国精神医学学会出版的《DSM-4：精神疾病诊断与统计手册》中也记载了韩国人特有的“内心怨恨”的精神疾病——愤怒症候群。虽然它给很多人带来了痛苦，但它却是非心理或精神医学从业人员极少提到的一种疾病名称。我认为作者连这一症状都没有忽略，还进行了深入研究的原因是：尽管她不是心理专家，但她却非常关注客户们的心理状态。正是因为作者认真对待工作的态度，使她探索到目前还处于贫瘠状态的“空间整理与心理治愈”领域。这是一个很好的尝试，可以引导我们在未来进行更多有益的研究。

本书最值得关注的就是字里行间都充满了活生生的实例，没有什么能战胜生活带来的感动。我认为实例中所呈现出来的变化也会给《空间治愈》一书的读者们带来巨大的挑战与快乐。众多实例介绍中所呈现出的对于女性心理、男性心理、儿童以及青少年发育过程中所面临的心理问题的理解，日后将会在该领域引发更加活跃的讨论，而作者也将在其中发挥非常重要的作用。

推荐语

对于作者来说，她有两种特殊的能力。首先是特殊的共情能力。作者在这方面的能力非常出色，如果在不了解对方生活的情况下是无法完成为客户提供整理空间这项服务工作的，她是一位当朋友开心时能共欢喜，伤心时能感同身受的人。所以，每当结束整理后看到对方露出幸福的表情时，她会认为没有任何理由能让自己拒绝这份工作。另外一个特殊能力是对“美丽事物”的极度热爱。她是一个即使自己正在伤心哭泣，但看到“美丽事物”时也会先停下，说一句“真漂亮”，然后再继续哭泣的人。无论到哪里她总是能发现美的存在，并称赞美丽的事物，这会让人产生“她长了四只眼睛”的错觉。她的手总是一刻也不闲着，常常忙着帮朋友的发缝换个角度，或是重新围一下围巾，做一些细微的调整，让朋友们变得更漂亮。神奇的是，凡是经她的手处理过的事物，都会变得更加时尚和美丽。

对于个人而言，我对人类最重要的三件事即衣、食、住，与精神、心理之间的关系非常关注，所以我也一直在研究。感谢这本书让我对“空间与心理”有了很多新的发现，并领悟到了其中的意义。作者一直坚信空间中存在治愈的力量，相信她今后也会继续通过整理空间来安慰、治愈、帮助他人。

——莎伦心理健康研究所所长 朴祥希

●●●

前不久参加了一档与整理空间相关的节目后发现，整理物品有一种惊人的力量，在整理物品的过程中可以将自己与家人的关系以及感情一并整理。整理是迅速恢复人际关系，重塑家庭关系的情感转折点。希望本书能给那些还没有感受到“整理的力量”的人们带来“我现在也能整理！”的勇气。

——女喜剧明星 赵慧莲

●●●

这本书让我们明白整理空间即是整理内心，整理内心即是整理生活。随着新空间的产生，我们也会萌生一种想要将其填满的期望。这本书简单易懂，作者用其卓越的洞察力，与人拉近心理距离，她向读者阐明了空间对生活产生的影响，并告诉大家通过整理可以开启新的生活。每当想整理，但又遇到困难的时候，我都会翻看这本书。能和处于快节奏中的现代人产生心理共鸣，充分利用空间让生活更美好，这也是作者的诀窍能够让人接受的原因。

——播音员　金成景

●●●

这些年积攒了很多昂贵但又不知何时会用上的衣服、小物件，想从过去的记忆中摆脱出来，但又觉得可惜，不知不觉中岁月悄然流逝。由于我没有整理方面的才能，所以对此非常苦恼。直到我读了这本书，作者用非常具有说服力的语言让我们尝试丢弃与填充。她认为如果人越是执迷于某件物品，就越难以从过去的情感中摆脱出来。这本书向我们介绍了选择需要丢弃或珍藏物品的方法，同时作者通过自己的智慧和大量的实例告诉我们一定要这样做的理由。我认为这是一本在整理类书籍中罕见的力作，非常高兴能够通过这本书学习顶级整理师的整理诀窍，希望广大读者朋友们也能在整理的过程中获得新生。

——演员　尹海英

●●●

作者作为一个致力于打造完美空间的人，她将空间改造得既漂亮又实用，并达到利用空间治愈心灵的效果，我越发觉得这就像魔术一般。很高兴看到这本书问世了，它能让很多人轻松实现空间整理。我将永远支持它。

——《365日建筑日记》作者、Dallstyle代表　朴智贤

●●●

样板间似的屋子，咖啡厅般的厨房，画报一样的儿童房，大家都想在这样的空间里生活，但现实却让很多人放弃了这种想法。当然，也包括我在内。有一天，当我的家经过尹柱喜整理之后，我深切地感受到，整理其实是能让自己内心更加平静、更加喜爱自己的生活空间的过程。同时我也开始相信，释放出更多的空间后，自己也会变得豁然开朗。书中讲述了作者在整理过程中如何安抚人们备受

煎熬的心灵，和他们共同克服困难，进而打造新生活的全部过程，希望大家通过本书能感受到整理的快乐。

——演员　金世娥

●●●

这本书让我们完全改变了对空间和心理之间关系的认知。在看过作者坚信空间具有治愈力量的经验之谈后，不禁惊讶于一个人的信念竟然能改变无数人的人生。她向我们介绍了对整理的深层理解，以及她认为空间具有治愈力量的观点，让我们在开启全新生活方式的同时，也对美好未来拥有了希望。

——歌手　徐智吾

●●●

近几个月都在刊登收到的读者来稿及尹柱喜在空间整理方面的秘诀。来稿中有读者担忧空间真的会焕然一新吗？但每次作者都完美地展现出保持空间清爽的整理技术。刚开始是寻找家具摆放的正确位置，之后介绍在现有的空间内进行有效收纳的技巧。几个月之后，经她改造后的空间开始变得和以前不一样了。虽然并不华丽，但却可以给人一种能长久保持整洁的感觉。也许是考虑到房主的生活习惯，她还对房主进行了咨询，并希望房主能够持续享受改变空间后的美好生活。我希望无法进行空间治愈服务的人们，也能够通过本书来了解她的整理技巧。我相信，只要阅读她的故事，坚信空间整理即是回顾自己的内心，就能够在生活中得到治愈。

——《Living Sence》主编　洪珠熙

序言

空间是改变生活的首要条件

人生过半，我选择了新的职业。由于我生孩子的时间比较晚，所以有一段时间放弃了工作，全身心地投入育儿这件事上。渐渐地，我觉得自己应该在后半生做一些有价值的事情，并从事自己喜欢的工作。

我从小就喜欢把家里布置得很漂亮，然后邀请别人来家里做客。大概是上中学时，有一次和妈妈一起去东大门市场挑选了一块淡绿色布料，回家后妈妈按照我的设计图用缝纫机做了一个沙发罩，套上后旧沙发瞬间焕然一新，当时的场景直到现在仍记忆犹新。当邻居们来我家做客时，如果他们说我家很漂亮，会比任何称赞都令我激动，那时的感觉至今还留存在我的内心深处。

我对布置房间的事特别感兴趣。在身为心理咨询师的朋友那里接受“寻找核心信念”的检查时，结果显示“家”是我的核心价值。我认为，把家里布置得漂漂亮亮的，在里面与家人一起共享心底的那份温暖，这对我来说非常有价值，也是幸福的原动力。

当“空间”与“人”这两个关键词同时存在时，我是幸福的。于是，我果断决定放弃之前的工作，转为专业空间整理师，以此来开启我人生的第二篇章。此外，我想做的第二件事，是一直以来还想继续进行下去的志愿服务工作。我一直有意从事志愿服务，觉得这是上天赋予我的才能，如果能帮助身边有需要的人，将会发挥我的生命价值。因此我打算将二者结合起来，开启自己人生的第二扇门。

虽然下定决心要从事打造完美之家这份工作，但最先牵动我的却是那些处于极度恶劣环境下需要帮助的人，如生活不便、家里卫生条件差、居住在寒冷环境中的人，他们的房子更需要整理。当一整天都在清扫、擦洗、整理房子时，第一次让我确信了一件事，就是我应该从事整理师这个职业。我不后悔自己的选择，虽然朋友们都在担心我的身体是否能够吃得消，但比起辛苦地劳动，我切身体会到了这份工作的价值，因此丝毫不会觉得委屈。

在整理好的房子里感受房主的变化及其生活的改变，会让人倍感愉悦。我们每个人都生活在家里，家是让我们得到充分休息、相互交流的空间，同时也是为美好未来积蓄能量的地方，所以我们需要布置和整理它，这样我们才能在家里做好自己想做的事情。在撰写本书的过程中，希望大家都能感受到“每个人都是宝贵的存在”，意识到“承载我们的家也是非常有价值的空间”。此外还想告知广大读者朋友们，布置、整理房屋并不是单纯的整理工作，它也是我们净化心灵、调整心态的一种仪式（ritual）。

环境能够对心理产生巨大的影响。整理之后，有人会哭，有人会笑。而且，随着物品被清空，过去的记忆也像被抹去一样，心中的痛苦痕迹也会随之消失，同时还会开启人生的新征程。我们有时也会厌倦自己每天生活的家，杂乱无章的房间就像是放弃内心自我的体现。但当我们通过整理空间寻找到勃勃生机时，原本冰冷的内心也会慢慢地充满炙热的幸福。

我在深刻思考空间能给人心理带来的影响后，决定撰写这本书。对空间的研究和努力思考，实际上源于对人的内心关注。为了能让更多人的心灵得到共鸣，我不会对人们的心理停止探索。

在此，对提议我撰写本书的Feelm出版社及无论多忙都会给予我写作力量的家人和丈夫表示感谢！

此外，对我的朋友，即对本书中有关心理方面的内容给予指导，并担任审校者的朴祥希所长表示感谢！

尹柱喜

2021年3月

Contents

目 录

Chapter 1

每天都在整理的人生

Chapter 2

空间蕴含在心理学中

Chapter 3

家的变化可以治愈心灵

Chapter 4

致还在犹豫是否要进行整理的你

Chapter 5

不可错过的空间整理小窍门

Chapter 1

每天都在整理的人生

◇◇◇

整理是生活的延续

变化的日常，堆积的物品

我在家中的心理状态

看到凌乱物品后，人们会有不同的情感差异

要不要整理一下？

能与伴侣增进情感的空间

宅女不想出门的理由

整理好就不再痛苦了

请马上把那些东西扔进垃圾桶

坚持韩式极简生活

整理是生活的延续

如果你不喜欢某件事，那么就去改变它；如果你无法改变它，那么就改变自己的思考方式。

——玛丽·恩格尔·布雷特

我从出生起，就一直和擅长整理的爸爸在一起生活。他总是能把家里收拾得干干净净，整洁有序。即使是现在，每天早上一到6点，爸爸使用吸尘器吵醒我的声音仿佛还在耳边回荡。

然而，那时的我并不明白，正是因为爸爸善于整理，所以家里从来没有出现过凌乱不堪、让人感到不适的环境问题，让我无论何时回到自己的房间都能感到安心。

爸爸为什么要那么努力地打扫？我现在留给女儿的印象一定和小时候爸爸留给我的印象如出一辙。

巧的是，我现在成了一位专门帮助别人整理房子的整理师。不知道从爸爸那里继承的整理才能是否充分地发挥了出来。

大家都希望在生活中能够及时整理。看到衣柜里堆积如山的衣服没有整齐地挂在原来的位置就会去整理一下，否则就会觉得没有一件能穿出去的衣服。虽然厨房里食材充足会让自己感到安心，但如果这些东西散落在地上，弄乱了厨房，大部分人肯定会马上收拾，否则心里就会不舒服。

生活中，我们都会适时购入并储藏一些生活必需品。而且每个人的一生都会保留一些自己珍惜的物品，这些物品都饱含了我们逝去的时间与回忆。

整理并不是将物品拿出来，放回去，摆整齐这么简单。一提到整理，大多数人都会认为只是把物品摆放好，看起来整洁即可。但实际上时间整理、思想整理、人际关系整理等无形的行为都属于整理。在整理过程中会发现一些充满回忆、年代久远的物品。因此，整理物品的意义不仅在于单纯地腾出空间，还在于整理过程中发现更有意义的东西，这个过程就像在整理人生一样。

我曾经为这样一位客户整理过房屋，那是一个和睦的家庭，我与他们相处得十分愉快。在选择各自物品的时候，全家人围坐在一起，大家一边抚摸着孩子们小时候的照片和饱含美好回忆的物品，一边开心地聊天。这些物品里有妈妈为孩子们做的玩偶，还有孩子们画的画。但是大家都把这些东西忘记了。不知不觉间，整理物品的过程变成了全家人整理回忆的时间。

这家人的物品蕴含了他们快乐且温暖的时光。他们将那些没有必要继续保存下去的物品挑出来的同时，腾出来的空间也是为存储新的记忆做好准备，更是为即将上大学的孩子们准备的新空间。

我还见过一直收藏具有特殊意义物品的家庭，那是一位妈妈和她的一对儿女组成的三口之家。他们家的客厅里放着一个大鱼缸，似乎已经很久没有用过了，由于长时间没人打理，所以看起来非常脏。

这位妈妈看着鱼缸说，这是她丈夫生前非常喜欢的东西。虽然丈夫离世已久，但她还是舍不得把鱼缸扔掉。因为她觉得如果把这个饱含了丈夫和爸爸所有回忆的鱼缸扔掉，全家人会更加悲伤，所以就一直放置在客厅的角落里。

我小心翼翼地尝试劝她扔掉鱼缸。我先问她以后是否还想继续看到鱼缸，如果是的话，我们可以将它清理干净后放在合适的地方。她却说，每次看到鱼缸都会让自己感到伤心和忧郁，但却没有扔掉它的勇气。

于是我说："如果是这样的话，我们可以帮您处理掉。"处理之后我又问她："这里摆上你们母子三人的照片怎么样？"她立马同意了，最后我们在原来放鱼缸的位置摆上了母子三人的照片。

之后传来了他们的生活近况，让他们长久以来感到悲伤的鱼缸虽然扔掉了，但并不意味着抹去了和爸爸有关的记忆，反而让他们想起了和爸爸在一起时的珍贵画面。因此，全家人都下定决心，以后要更加快乐地生活。

在心理治疗法中也能找到类似的内容。随着时间的流逝，因生离死别而产生的情绪和身体上的反应会逐渐得到缓解。虽然在认知和情感上会感到缺失，但会与活着的人继续维持或重新形成一种关系，这种适应缺失后的生活过程被称为"哀悼的过程"。

英国精神学专家约翰·鲍比（John Bowlby）将这种哀悼过程定义为四个阶段。

哀悼的四个阶段

·第 1 阶段：冲击与麻木时期

想否定，想回避，因缺失而感到愤怒的阶段。

·第 2 阶段：强烈怀念时期

思念故人，希望再次相见而深感彷徨的阶段。对于无法再次相见的现实，会有挫败、愤怒、悲伤等情绪。

·第 3 阶段：崩溃和绝望时期

缺失阶段转为现实阶段。一想到故人再也不能回来，会感到空虚和绝望。感觉失去了人生的意义，同时还会出现睡眠障碍、食欲低下等症状。

·第 4 阶段：重新调整和恢复时期

每当思念故人，在感到悲伤的同时也能感觉到些许积极情绪。对于缺失所产生的负面情绪正在逐渐消失。在慢慢地恢复个人生活的同时，重新确立新的生活目标。

我认为扔掉鱼缸的那个家庭实例，就属于哀悼的过程。鱼缸就是这家人恢复健康生活的关键所在。

生活是整理的延续。在我们漫长的人生中会经历无数次整理不想再穿的衣物这一行为。不仅如此，我们在不断整理的生活中偶然遇到喜怒哀乐的同时，也在继续描绘着今后的人生。

整理物品中所包含的故事和情感，也是一种为了迎接新生活而不可避免地需要重复多次的事情。对于那些饱含我们情感和回忆的物品，我们一生究竟需要整理几次呢？

> 这意味着中年人的活动只会减少吗？不是的。因为到了这个年龄反而会让我们多做一些事情。也许年轻时想做却没能做的事情现在可以做了呢。所谓“老前整理”也是一个思考这些事情的机会。
>
> ——《四十岁的整理法》坂冈洋子

作者坂冈洋子在书中讲述了在步入老年之前进行的“老前整理”。它是指整理好自己的物品，开启人生后半段。然而很多人都误以为是整理逝者的遗物。

所谓的“老前整理”是指在步入老年之前整理好自己的房子，同时规划新的人生。我非常认可作者的这个观点。

在进行整理咨询的客户中也有年纪非常大的老人。了解之后发现，他们中的一部分是在子女或者其他家人的要求下才来咨询的。而这些客户中，有些父母与子女事先达成协议，所以咨询进行得非常顺利。但多数情况十分艰难，需要我和他们的子女一起劝说他们，因为对于老人来说，整理房子本身就不是一件轻而易举的事。

老年人对自己的生活用品有一种特别的眷恋，他们认为这些东西充满了岁月的痕迹，非常珍贵，无法割舍。仔细观察会发现，其中大部分的生活用品都是不能用的，而是一些需要保管的物品。这就意味着他们的子女日后需要整理这些物品。

作为整理师，我并不建议无条件地丢弃物品。虽然整理既定的规则是始于“清空”，但每个人都会有只属于自己的珍贵物品。这些物品对于别人来说可能无足轻重，但对于自己来说则可能是长久珍藏的回忆。整理师强行要求客户丢弃这些物品，这种行为并不是出于对客户的考虑，而是为了达到自己的标准。

然而我想说的是，如果不想在死后将这些东西全部留给子女，那么在步入老年之前，一定要慢慢地减少物品的数量。这样，步入老年之后才会有大把的闲暇时间。如果执意要抓住这些不必要的东西不放，那么在养老过程中就会遇到困难，届时为了整理将要扔掉的东西全部都找出来，就会浪费大量的时间。而这些堆积如山的物品对自己的后半生又会有什么帮助呢？所以，我们平时就要养成随时整理的习惯，只留下必要的物品。

几年前，我都是把水果手动榨汁喝，去年买了一台自动榨汁机，然后就毫不犹豫地整理房间，为它腾出空间，还把最近喜欢上的茶杯放在腾出来的地方。这不就是在整理的过程中感受悠闲吗？

如果我们一生都在不断重复清空物品后再填充这件事，那么等老了以后，就不会因为看见家里堆满的物品而感到不舒服，也不需要子女代为整理，从而过上简单、有价值的生活。

变化的日常，堆积的物品

保持对一些东西的渴望是幸福必不可少的一部分。

——伯特兰·罗素

现在我们每个人都过着忙碌的生活。要么是早上出门上班，半夜才回家的“上班族”，要么是育儿与职场生活并行的“超人妈妈”或“超人爸爸”；也有可能是连相亲的时间都没有，更别提谈恋爱的未婚人士；抑或是虽然每天都在做家务，但还是会担心第二天还要做的家庭主妇。所有人每天都在忙碌着。为了跟上随时都会变化的文化潮流，我们日常生活的节奏都快了起来。

如此忙碌的我们怎么过才能算是好生活呢？小时候每

当生日那天，妈妈都会牵着我的手去市场给我买漂亮的衣服，直到现在，我还清晰地记得当时开心的样子。在特殊日子里妈妈给我买衣服的记忆是非常珍贵的，因此无法从我的记忆中抹去。

一转眼我也长大成人，成家立业，还生了两个漂亮的女儿。上个月美丽又可爱的大女儿过生日，我问她：

“过生日了，宝贝女儿想要点什么呢？”

结果大女儿想都没想就说：

“妈妈看着买就好！”

虽然我也短暂思考了一下大女儿这样回答的原因，是出于对我的关心，还是因为不好意思才随口一说。但真正的原因其实我是知道的，对于平时想要什么就能得到的孩子来说，生日已经不再是可以收到特别礼物的日子了，所以才会那么回答我。

我们生活在经济飞速发展，万物丰饶，想要的物品随时都能买得到的时代。现在，与希望得到某件物品的恳切之心相比，大家已经把注意力转移到了该如何挑选并购买新商品的烦恼中。

我们早上起床睁开眼睛就会打开手机，先查看从昨晚就不断收到的新信息。很少会有人早上起床后先翻开昨晚睡前看过的书继续看，或者是以出门散步开启新的一天。与物质生活丰富相比，让我们倍感压力的是来自社会各方面的信息。不管自己是否愿意，每天都会收到大量公开的信息，其中能够刺激我们消费欲望的购物信息，如潮水般涌来已经成为常态。

直至现在还有一些令我们感到陌生的表达，这些都是父母生活的那个年代所使用的词语，如“炉子”（燃气灶、电磁炉），“比基尼衣柜[1]”（铁架衣柜、布艺衣柜）等。这些家具的名称虽然听起来并不时尚，但在那时都是生活中不可或缺的必需品，同时也都是宝贵的家具。如果说父母生活的那个年代是只购入生活必需品的时代，那么现在这个时代就是快速更新的时代，需要不断寻找更便利、设计更美观的物品来替代之前的物品。

这样看来，我们紧跟时代的要求购入物品来布置自己的家有什么问题吗？有很多人都认为家里就应该填满各种

1 比基尼衣柜：不是一般的木质衣柜，而是在支好铁架后围上一层布料，柜门用拉链开闭，就像最初的比基尼泳装一样，所以称作“比基尼衣柜”。

生活用品，尤其是冰箱或者储藏室，只有塞满食物才会有安全感。但是在这么做之前，一定要考虑一下是否有足够的空间来储存这些东西。

讲课的时候我偶尔会抛出这样的问题：

“这几天买过菜的朋友能举一下手吗？”

如果下面有人举手，我会继续问：

“大家买完菜之后是如何整理的呢？”

大家基本上都会这样回答：

“先把需要冷藏或冷冻的东西放入冰箱，其他的放进水槽或者储藏室。”

接下来我就会非常自然地告诉他们如何进行收纳整理。但是有一天，我听到了不一样的答案：

“嗯……将需要放入冰箱的东西放进去，剩下的就原封不动地放在购物袋里，需要的时候再拿出来吃，全部吃完之后再去采购。”

当时我问了她这样做的理由，她说：“因为没有地方放。”

她的这种购物和整理习惯已经持续很久了。与她有同样生活习惯的主妇应该不在少数。其实，去前来委托咨询的客户家里，就会发现他们基本上没有把需要储藏的食物放在专门的收纳箱里，只是随便放在厨房的空地或者餐桌上。现在，做过收纳空间设计的公寓或住宅并不是很多，因此，如果不是特意打造储物柜或者空间充裕的储藏室，那就很容易因为空间不足而烦恼。

为了解决这一问题，食物储藏室[1]应运而生。虽然最近主妇们都会想到这个方法，但并不是每个家庭都能拥有这样的空间。虽然需要收纳空间，但却很难在已经被堆得满满当当的家里找到这样一个空间。

所以，很多人被迫放弃收纳，只是把买回来的物品原封不动地放在购物袋中，需要的时候再拿出来。

为了选出需要整理的物品，每次我都会去委托人的家里。当把所有物品都拿出来的时候，委托人无一例外地都会说这两句话："我竟然还有这个东西？！""怎么会这么多呢？"这意味着委托人处于不知道自己都有什么的状态，而且说明重复购买的物品很多。在不清楚已有物品储存数量的情况下，势必会重复购买，再加上忘记了这些东

1 食物储藏室：存放饮料、食物、部分餐具、清洁用药品、桌布、食材等物品的房间。

西，所以还会持续购买，最终造成了大量囤积。此外，廉价的促销商品也是引发批量购买的原因。重复消费的习惯没有得到改正，家里只能到处堆满物品，最终导致恶性循环。为了防止这种恶性循环的出现，与其去花时间整理这些物品，倒不如养成少量购买的好习惯。

我从不大量购买物品，一般都是去家附近的小超市或者在网上少量购买。其实我也不是一开始就有这种习惯，刚搬家的时候，为了防止过度消费，我有意将收纳空间缩小到只能放下一定数量的物品。冰箱也只买了单开门的小冰箱，这是作为整理师的我为了控制过度消费而进行的特别尝试。就这样，由于大部分食物无法长久保存，所以只能少量购买。尤其是冰箱，因为其空间小，能放的食物数量有限，所以再也没有需要扔掉的东西。可能是因为我家门口有超市，所以就养成了现在的这种消费习惯。每次去超市都能买到刚上市的新鲜食材，自然就没有必要在冰箱里存放过多的东西。

就这样，少量购买的习惯逐渐成就了现在的极简生活。多亏了这种购买习惯，与家里的收纳空间相比，不仅让我省去了整理过多物品的烦恼，还养成了用新鲜食材为孩子们做健康美食的习惯。

时代的急速变化导致社会流行的速度日益加快。网购让我们无论何时何地都可以购买到想要的东西，如果在网购时代无法避免这些引诱我们大量购买的信息，那就尝试制定适合自己的限制消费措施。设计收纳空间时可以有意缩小面积，只能少量存放物品，或者制定控制总量的规则，享受一下“重质轻量”的生活。这样一来，也许与清空物品相比，减少物品的数量会更容易一些。

我在家中的心理状态

环境的改变会导致我们自身的改变，不论是好是坏。

——阿兰·德波顿

空间心理学家芭芭拉·佩法尔（Barbara Perfahl）在《空间心理学》一书中提出了这样一个问题："人们为什么会对空间产生兴趣呢？"

空间心理学研究的是空间会给我们带来什么影响，我们如何做才能打造出让自己感到舒服的空间。此时最重要的是人及其怀有的欲求。这一原理的核心是发挥情感的作用。这就意味着所有的环境，即所有人为的环境和空间都可以引起我们在情感上的反应。

这种情感的反应有正面的，也有负面的；有时可能非常微弱，而有时则会非常强烈。

——《空间心理学》芭芭拉·佩法尔

诚如心理学家所证明的那样，人们在空间环境中会产生多种情感变化。正因如此，我以“空间治愈”为名，经营着一家空间整理咨询公司。

在给公司起名字的时候我一点都没有犹豫。“整理专家”原本是为了对某个房子进行全面整理而提供服务的，但这份工作并不是单纯地将别人的房子整理一下，把物品放在合适的位置上，它有着更重大的意义。如果房子经过整理焕然一新，大部分委托人都会感叹道：“感觉心里豁然开朗，真是太幸福了！”抑或是满含泪水地表达谢意。此时我深刻地察觉到一个事实，那就是将房子整理干净这个行为本身可以给人带来巨大的心理变化。而且，这种变化后的情感如果是正面的、令人愉悦的，则会让我更加确信空间具有治愈的力量。“空间治愈”这个名字就是在这种感悟中确定下来的。那么，为什么整理能够让原本压抑的内心变得豁然开朗呢?

人类的情感会受到环境的支配。在不卫生的饭店吃饭会觉得消化不良，不舒服。在环境优美的咖啡厅喝咖啡，立马会有种被治愈的感觉，心情也会随之变好。诸如此类的情感变化都是源于空间的改变。由于我们已经习惯了被环境支配情感的生活，所以很多时候都会忘了这种情况是始于哪里。

由于太过习惯而无法察觉到情感变化是始于我们停留时间最长的“家”，它是最具代表性的空间。大家曾注意过自己在家里是以怎样的心情度过的，家里的环境会给我们带来哪些心理变化吗？如果我们在原本能为自己提供最多能量的家里不能得到充分休息，反而只会感到忧郁或压力，那么寻找原因就变得尤为重要。最好思考一下家和我们情感之间的联系。是因为自己身处堆满物品的空间而感到压抑，或是在无法发挥个人作用的空间里难以放松自己，更别说业余生活了？还是因为负面情绪不断积累而造成的？

照片里呈现的是一位顾客家的客厅。其实这样的生活没有任何特别，与其他过着平凡日子的家庭大同小异。衣柜里的衣服堆积如山，连找件衣服出来穿都很困难；餐桌上也摆满了各种物品，连好好吃顿饭的地方都没有了；每个房间都堆得满满的，能够正常使用的空间只有客厅。之所以会这样，是因为房主无法整理。住在里面的不仅不能成为房子的主人，反而还要和这些侵占我们空间的物品一起生活，难道就没有办法解决吗?

我曾经为一位养育着三个子女的平凡主妇整理过房屋。母子四人与其他家庭并无差异，都过着正常的生活。当我第一次步入她的家里时，所有的物品都堆放在客厅里，感觉他们像是刚刚搬过来一样。这是一个三室一厅，面积超过30坪（约99m^2）的房子，空间并不算小。在这些物品中最引人注意的是衣物，其实每个房间都有衣柜，但为什么衣服还会堆在客厅里呢?仔细观察后，我找到了原因——原来是没有晾衣服的地方。因为阳台上堆满了物品，所以晾衣架只能放在客厅，把客厅当成了晾衣服的空间。

虽然去过很多像这样处于未整理状态的家，但每次都需要先平复一下自己的心情。孩子们已经习惯了这种生活环境，泰然自若，但我却为他们感到惋惜，因为他们生活在一个不能坐下来好好休息的空间里。孩子们的妈妈已

堆满物品的客厅

晾干的衣服没有放回各自的房间，全部堆在客厅里，家人需要的时候直接找出来穿，一家人过着这样的生活。

经放弃整理很久了。然而，为了能给即将上大学的孩子营造一个良好的环境，让他们能全新出发，所以需要一个新空间。

这对夫妻从孩子很小的时候就在同一家单位工作。由于妻子无法兼顾家务和工作，因此就选择放弃家务，丈夫也理解这种生活模式。妻子在整理过程中一直都是笑呵呵的，看起来非常娴雅平和。中午一起用餐的时候，妻子先提起了无法整理的缘由。然而，随着妻子娓娓地道出过去这段时间是如何生活的，也让我看到了那些隐藏在她心底的情感。

由于夫妻俩长期一起工作，丈夫对所有的事情都会干涉，她心里总像压了一块大石头。养育三个孩子很吃力，也没有属于自己的时间，真不知道自己为什么会这么累，又没有人可以倾诉，所以就这样一直忍受着不断累积的负面情绪。虽然感到痛苦，但也忍到了现在，也许是负面情绪的作用吧，再加上对家务方面很吃力，所以就想回避，最后无论是整理还是家务全都放弃了。可以看出，现在这个家里堆积的所有物品和过得一团糟的生活都如实反映了这位妻子的心理状态——她的内心十分煎熬。

她说，刚开始时她的抑郁状态没有现在这么严重，但看着这些逐渐堆积起来的物品和乱成一团的家，就会无法抑制地忧郁和郁闷。她非常期待借着儿子高考的机会，好好整理一下家里，让一直压在心中的大石头也一起消散。持续的恶性循环最终导致了这样的结果，抑郁症不仅会让人失去活力，同时还会伴有肉体上的疼痛，家务活自然就成了过重的心理负担。此外，由于抑郁感会对能量的产出造成巨大的阻碍，所以整理也就变成了不可能实现的事情，而且因为无法承担整理工作，物品越堆越多，抑郁感就会继续萦绕在家里。

当所有整理工作结束之后，似乎满足了这位妻子的期待，她看起来豁然开朗。她说整理得太好了，每当清理一件物品时她都会觉得压在心里的石头被搬走一块。如果今后觉得自己很难独自承受，一定还会像这次一样寻求别人的帮助。由于像垃圾堆般的东西都消失了，所以无论视觉还是内心，都能感到畅快。

几个月之后，我又联系了这位妻子。我想了解她是否有持续整理，是否能很好地维持让她放下心理包袱的状态。她用非常愉悦的声音说，虽然现在她的身体还没有恢复，还是不能很好地进行整理，但家里的状态正在努力维持中。自从家中被整理之后，她原本阴沉的脸上有了光彩，丈夫和孩子们想要维持住她的状态，所以都各自尽力做好整理，努力做到物归原处。可能是因为家人的态度和家庭氛围变好了，这位妻子在通话过程中反复向我道谢。单凭电话里传来的声音就已经证明家庭环境的改变可以减轻抑郁。

心理学家认为，人的潜意识也有可能造成内在的矛盾和心理创伤，这种心理状态会导致抑郁感的出现。也就是说，精神状态也能成为抑郁的重要原因。那么，被称为空间的环境要素所引发的抑郁感会达到怎样的程度呢？另外，空间的改变可以维持良好的氛围和精神健康这一事实能够被证明吗？

美国环境心理学家罗杰·乌尔里希曾做过一个非常有趣的实验。他用1971年到1982年这十余年时间，对在宾夕法尼亚州郊外的一家医院接受胆囊摘除手术的46名患者进行了观察，而这些患者有一个共同的特点，那就是病床都挨着窗户。其中23名患者在病床上可以看到窗外的小树林，另外23名患者在病床上看到的是窗外的砖墙。乌尔里希对这46名患者的脉搏、心电图、血压、体温、药量、止痛药种类、住院时间等指标进行了调查。结果发现靠近小树林这一侧的患者会比靠近砖墙那一侧的患者平均早出院 24 小时。而且，他们的止痛药吃得也会少一些。乌尔里希于 1984 年将“病人在病房里看到自然风景会恢复得更快”这一实验结果发表在了《科学》杂志上。

人只有在美丽舒适的环境里才可以维持健康的心理状态。此外，健康的精神状态可以带来健康的身体，这一调查结果也非常值得我们关注。

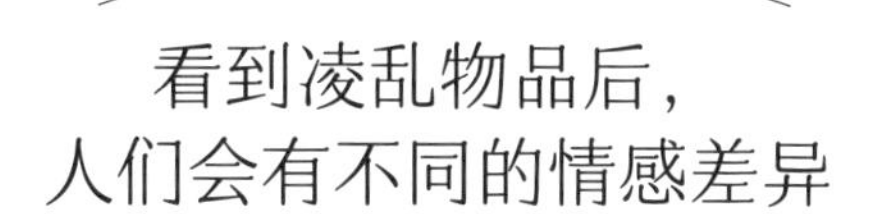

看到凌乱物品后，人们会有不同的情感差异

让你的生活充满经验，而不是物品。不要给别人展示自己的物品，而是讲自己的故事。

——作者不详

来过我家的人脑海中通常都会浮现出两个词，那就是整齐和干净。

正如我在第一章提到的，得益于爸爸的遗传，我在整理房屋方面非常得心应手，所以与整理相关的所有事情一点就通，其中我最喜欢做的事就是摆放物品。我经常会被问到是如何做到上班的同时还能整理好房间的，还被人怀疑道:“孩子们都还小，是不是有人在帮你做家务？”但由于我有自己既定的整理原则，很难接受别人的帮助，因此所有的家务我都是亲力亲为。

作者家的杂物间

来过我家的人脑海中通常都会浮现出两个词，那就是整齐和干净。

每次从客户家回来都很累，而恰恰这个时候我就会整理房间。即使累得要命，但越是这种时候，努力清扫整理的热情就越是高于往常。虽然第二天再整理也可以，但总觉得如果当天完成的话会有一种成就感。我深知这是心理强迫的一种，还曾和关系亲近的专家聊过这个问题，结果他们笑着说：“我也一样。”至今还记得当时我们边聊边笑的情景。其实仔细想想，出现这种情况也很正常。因为在看到整理好的顾客家后，回到家里就会发现房间里散落的物品越发碍眼。整理好之后感受到的舒适与安心反倒是一种休息，我的这个习惯就是在这种情感经历中形成的。

由于我家有小朋友，所以家里每天都会出现无数次像被炮弹轰炸过的情况。虽然有时也无法做到跟着她们挨个收拾房间，但出于有意识地去接受孩子们自由玩耍的想法，所以也就睁一只眼闭一只眼。对于客厅和厨房，以及其他一些地方我已经养成了及时整理的习惯，哪怕有时会忙到很晚才睡。可能有人会认为这是一种精神上的敏感，即洁癖症，但我似乎只是单纯地喜欢把家里收拾得整整齐齐，而不是那种刻意追求干净的人。比如，我的车里经常会散落着孩子们掉落的饼干渣和垃圾，客厅的绿植叶子上有时也会落满灰尘，对此我通常都是视而不见。即使这样我也没觉得心里不舒服，所以我肯定没有洁癖症。然而，当看到散落的物品时还是会感到不舒服，如果物品摆放整齐，我的内心也会跟着心平气和。有时我还会把整理杂物看作是缓解一天疲劳的方式。

认识丈夫时，我的年龄已经不小了，婚前我以为所有的男人都像爸爸一样善于整理，然而婚后却令我大吃一惊——到处都散落着衣服，这让我感到很陌生。现在已经到了虽然没有亲眼看见，也能知道丈夫前一天在什么时间吃了什么食物的地步。丈夫完全没有整理的习惯，他并不觉得到处乱放东西是不对的，而与之形成鲜明对比的是丈夫非常爱干净。他只是不整理而已，却是个讲卫生的人，大家不觉得这个情况非常有意思吗？

值得注意的一点是，每个人在看到凌乱物品后的感觉是大相径庭的。例如我看到东西没有收拾会觉得很不舒服，而我的丈夫却没有任何不适。也许看到整理好的物品会觉得舒服是源于自己的经历吧，就像在整理现场感受到的惬意会指引我深夜也要整理房间一样，希望能反复体验整理时的情感。也许看到整理好的物品所感受到的情感，是源于经验积累的过程中收获到的喜悦。

丈夫说自己婚后看到整理好的袜子、衣服、鞋柜，体会到的一个事实就是，物品整整齐齐的状态会让人感到愉悦与安心。不知从何时起，他还养成了每当工作进行得不顺利或者压力大的时候就会整理书桌的习惯。在抚摸自己喜欢的照相机或者零部件的过程中，思绪也会一起被整理。与此同时，不安的心理状态也会平静下来。

这里还希望大家能够思考一下在整理的过程中，内心会得到安慰的主要原因是什么。我也会像丈夫所说的那样，每当遇到困难或压力大的时候就会毫不犹豫地调整家里的布局，然后进行整理。通过这一行为，在活动身体的同时，也可以将心头事与物品一起挨个地梳理好，要么平息杂念，要么就彻底清除干净。值得一提的是，在清空物品的过程中喜悦反而会充斥于心。

当然，也会有那种即使处于凌乱的空间中也不会觉得难受的人，就像我的丈夫。之所以会出现这种情况，是因为他们还没有体验过在整理好物品的空间中能够感受到的情感。我们每个人都在本能地追寻健康、卫生、舒适的生活空间，然而，随着人们认为整理是件难事儿，是超出自己可接受范围的一种能力后，这种本能也就随之丧失。

委托我们进行整理的客户在整理结束后经常会说：“真应该早点这么做。”其实大部分的整理工作基本上一天就可以完成。除了个别房屋规模比较大，其余那些说“自己几十年来丧失了对生活的追求”而积攒下来的物品，基本上一天之内就能和专业人士一起整理出来。如果经历了整个过程，就会在全新的空间里感到耳目一新，进而会希望再次体验这种令人愉悦的情感，因此即使有时需要寻求专业人士的帮助，也仍然会反复地进行整理。

大家可以回想一下看到凌乱物品时的感觉。如果曾通过整理而感到愉悦，那么希望能再次回想起当时的感觉，请重新开启新的整理。如果在这之前从来都没有体验过这种感觉，那就非常值得尝试一下了。我敢肯定地说，这会是一种无比愉悦的感觉。

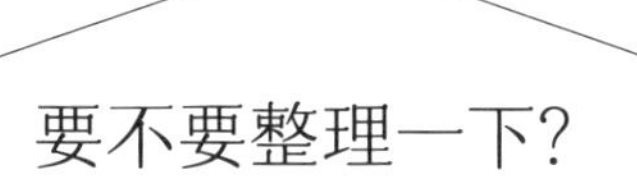

要不要整理一下？

被弃置的碎玻璃会给人一种没有人在乎的信号，进而将导致有些人会毫无顾忌地去弄碎更多的玻璃。

——菲利普·津巴多

何谓行为诱导性（affordance）？

美国心理学家詹姆斯·吉布森（James Jerome Gibson）的理论认为，物品的形状可以诱导人的行为。看到同膝盖一样高的平面时会想坐下（即使没有写“这是长椅”）；看到凸出来的地方就想把它按回去；垃圾桶上如果有圆形的洞，自然就想把圆形的易拉罐或塑料瓶扔进去（即使循环利用的意识还并不清晰）；如果看到圆形的门把手，就会下意识地去拉一下（即使写着“请往里推”）。

我把杯子放在餐桌上，几个小时后发现家人都开始把杯子放在我的杯子旁边。因为他们看到妈妈把杯子放在了餐桌上，就都自觉地跟着放了。我总是尽最大的努力将用过的物品放回原处，这样做并不是因为我是个勤快的人，其实我很懒。我只是比较厌倦当没有地方放东西时还得收拾家人的东西。像这样身先士卒，让家人也能跟着一起做的方法虽然比督促他们做要慢，但这会起到引导作用，让家人也慢慢养成好习惯，进而产生好结果。子女即使在没有任何人教的情况下，也会耳濡目染地学会父母的习惯。大家应该都明白，有些坏习惯如果不及时改正，任其发展，长大后会很难改正。

谁都希望家人能自觉整理，尤其是父母，他们希望自己的孩子能自觉整理物品。看过多位成功人士的访谈后发现，良好的整理习惯不仅成就了好的结果，也为他们合理规划自己的人生提供了必要帮助。也许正因为如此，不知不觉中会希望自己的子女也能养成整理的习惯。然而，如果孩子和父母的想法不同，那么父母在培养孩子整理习惯的过程中会很难保持优雅。用过分一点的话来说，有哪个妈妈能对着每天都不整理“垃圾桶般的房间”的孩子露出优雅的微笑呢？如果有这样的妈妈，那真要对她肃然起敬。明明说过很多次，喊过、强制要求过，可为什么还是不听呢？这很容易令人陷入深深地烦恼中。

如果孩子们整理得好，我会给她们发贴纸，并称赞、奖励她们，希望通过这样的方式让她们养成整理的好习惯。虽然我知道这种方式并不正确，但还是这样做了。因为如果反复采取这种方式，也许有一天整理对孩子们来说变得就像游戏一样，只能以后再用其他方法教会孩子如何整理吧。已经上小学的老大一直都和我分享自己的想法，小心翼翼地表达自己的情感。她对妈妈强行要求进行整理的方式从来不往心里去，现在连贴纸都不想要了。

那么，下面这种行为方式孩子们会接受吗？我的孩子总是习惯把鞋摆得整整齐齐，而且很喜欢按照颜色来摆放。在这方面我从来没有用过奖励贴纸的方法来强制她们做。每次也都不会特意告诉她们把鞋摆好，但她们依然都会按照颜色摆放。这种习惯应该是受到了我的影响，因为她们每次打开衣柜都会看到我是按照颜色来放置衣物的，所以也就跟着学了。

我所属公司的一位整理师给我发了条带图片的信息：

“一天，我走进房间，发现孩子竟然把玩具按颜色整理好了。很神奇吧！我从来没有要求过让她整理。”

这个整理师的孩子应该和我家孩子一样，在看到妈妈的习惯后潜移默化地学习了。

让对方按照自己的想法和方式做事仅仅是单方面的要求，所以肯定不会顺利，而且还有可能会让对方更加排斥这件事。

整理是有启示效应的，需要从自己做起。我们终生都需要整理。随着年龄的增长需要扔掉一些物品；步入婚姻生活后需要添置一些家具；家人离世后需要整理他们的物品；碰上让自己身心疲惫的人，也会出现想把他们从心里驱赶出去的想法。如果我们需要边整理边生活，那么可以尝试放缓脚步前行。与其命令别人赶紧整理，不如从“我”开始慢慢做起似乎会更有效，这样家人也会慢慢养成整理的习惯。

怎样开始整理呢？越是家里有孩子，人口越多，就越应该整理得简单一些。家人越多，就越需要能容纳下他们的空间，每个人都需要一个属于自己的生活、休息空间。但讽刺的是，家里成员越多空间就会越狭小，结果每个房间都无法发挥自己的实际作用。由于大部分的空间都塞满了家具，所以整理并不是为家人，而是为给这些物品腾出空间。

孩子按照妈妈的习惯整理自己的玩具

“一天，我走进房间，发现孩子竟然把玩具按颜色整理好了。很神奇吧！我从来没有要求过让她整理。”

房子的大小并不重要，重要的是每个空间是否发挥了其应有的作用。随着使用目的的丧失，儿童房变成了堆满玩具的房间，书房变成了堆满书和资料的房间，根本无法坐下来；厨房里充斥着各种小家电，连收拾蔬菜的地方都没有。家里的所有空间全都变成了各种物品的领地，而不是主人的领地。如果您觉得本应我们使用的空间被物品所侵占，那就和家人一起想办法找回属于自己的空间吧！

寻找空间功能的方法

· 确定各个房间的用途以及家人的使用目的。

· 选出每个房间需要摆放的家具和物品，按照每个房间的使用目的摆放这些家具和物品。

· 了解家人在房间里都需要做什么，参考动线来摆放家具。

· 家具不要遮挡窗户，门口不要摆放让人感到憋闷的家具。

· 按照用途和动线规划物品的摆放位置并进行收纳整理。

和家人一起保持整理的习惯

· 给物品准备好属于它们的领地。

· 打造出谁都可以轻松拿取的位置。

· 物品一定要分类整理。

· 一定要采用让所有物品都能被看到的收纳方法。

· 贴上物品标签。

· 不是放好物品，而是要养成收纳物品的习惯（把物品放在适合它们的地方，即便不能对它们的位置了如指掌）。

能与伴侣增进情感的空间

夫妻间的生活就像一场漫长的对话。婚后即使其他方面都发生了变化，但在一起的大部分时间都在对话。

——尼采

我喜欢在深夜和丈夫坐在暖光照射的餐桌旁，一边喝着无酒精啤酒，一边小声地聊天。虽然我的酒量并不好，但奇怪的是就想和丈夫一起喝杯爽口的啤酒，聊聊心里话。所以经常会拿着无酒精啤酒来制造气氛，丈夫也喜欢这样的时光。我越来越喜欢亲自设计的室内装修了，特别是宽大餐桌上方的装饰用餐桌灯，每次坐在这里都会感慨一下。为什么会如此喜欢这个餐桌灯和餐桌呢？并不是因为它们会让我们觉得与众不同，而是我和丈夫可以感受到面对面坐下来对话时的宝贵价值。

我属于晚婚晚育，因为结婚时年龄已经不小了，所以自信能够直接过上成熟的婚姻生活。然而，生活中到处都是意想不到的事情。当我意识到结婚是我有生以来第一次走了弯路时，已经结婚十年的丈夫似乎也和我有相同的想法，他也曾因为意料之外的责任和沉重的压力而倍感痛苦。我们当初其实需要更多相互磨合的时间。

我的婚姻生活始于一套34坪（约112m^2）商住两用的公寓。这套公寓的设计很独特，过道横穿客厅，到现在还能清晰地记得第一个孩子骑着学步车在过道上飞奔的情景。当时曾努力用复古家具和怀旧物品来装饰属于我们的第一套住房。因为我喜欢打造创意空间，所以下了相当大的功夫。然而，那套房子给我和丈夫留下的回忆却不多。丈夫婚后非常忙，待在家里的时间越来越少，所以我们只记得在有了第一个孩子后一起做胎教，为了孩子把原本复古风的家具都换成了色彩斑斓的家具。我最喜欢的是家里的大窗户，因为从那里可以看到外面的矮住宅。

我们的第二套房子是一个复式别墅型小住宅，二楼有阁楼。比起标准化的常规结构，我更希望它是一个摆脱平凡的个性房子，所以我们将整个二楼打造成了孩子的娱乐室，能一起睡觉，一起共度美好时光，一楼则是我们夫妻俩的卧室。我真心喜欢那套房子，庆幸的是，我们的孩子也非常喜欢。但依旧没能打造成给我和丈夫留下共同回忆的空间。虽然有卧室，但实际上我们大部分时间都生活在儿童房，而且当时的生活重心都放在了育儿上，所以也没有多余的精力去打造只属于我们夫妻二人的空间。

我们现在住的第三套房子是一个结构上没有什么特别之处的普通公寓。之所以选择它，是因为想尝试将这种普通结构的公寓打造成独特的空间。在买下这套建成已超过 20 年的公寓后，我们只留下了承重墙，剩下的全部都拆除。为了摆脱典型的公寓结构，我尝试了各种各样独特的设计。阳台紧挨儿童房，为了清除前屋主留在阳台里的痕迹，我选择了安装台阶，装好之后又拆掉了门。而且，把大卧室旁边的小卧室门也一并拆掉，安上了迷宫似的假墙，卧室也用假墙进行分区。因为我很喜欢进行创意性改造，所以尽最大努力，最大限度地改变了房屋的结构。

值得一提的是，这次装修我打破了过去优先考虑孩子们空间的设计方式，在用餐空间上下了很大功夫。为了在家里打造出一块可以替代咖啡厅，用来招待客人的空间，我用喜欢的餐桌将厨房与餐厅分开。可能就是这个原因吧，我和丈夫相对而坐的时间要比前面的两套房子多得多，我们俩坐在餐桌旁聊天的时间也变多了。因为都非常喜欢这个空间，所以经常会在这里度过二人世界。回想一下，之前的两套房子在考虑孩子方面下了很多功夫，但是却没有考虑过打造一个能让我们夫妻俩坐下来休息，通过聊天来拉近关系的空间，因此自然就不会有待在一起的时间。有空间人才能停留，人停留下来才能拉近心灵的距离。同理，如果是存在心理距离的夫妇，很有可能是因为空间的缺失而造成的，而不是时间问题。夫妻关系虽是物理距离最近的人际关系，但如果不沟通，心理距离就会越来越远，最终很有可能成为最熟悉的陌生人。

在服务过的家庭中，每个家庭都有其认为重要的空间，比如孩子们的娱乐空间、读书空间、丈夫的书房、衣帽间等。而且也有顾客会要求最大限度地让自己的空间变得特别起来，但更多的客户还是会在孩子们的空间上煞费苦心。奇怪的是基本没有客户会要求整理出一个属于夫妻俩的空间，这是因为我们通常会把主卧当成是属于夫妻俩的空间。最近拥有各自房间的夫妻逐渐增多，就更不需要待在一起的空间了。当然，每个家庭都有各自的选择，结合实际情况都有必须这样做的理由，所以只要整理好他们各自的房间就可以了。这当然不是衡量夫妻关系好坏的标准，他们的夫妻关系我们无从得知。

但如果想和伴侣在心灵上更加贴近，就需要打造出这样的空间。这并不是个难题，因为不需要重新打造出一个新的房间，只要能和伴侣坐下来面对面聊聊天，哪怕只有一张小桌也好。特意打造出来的只属于两个人的空间将成为能让夫妻俩在心灵上更加贴近的重要空间。夫妻俩需要对话和沟通时，如果家里没有打造这样的空间，那就失去了空间重要的本质意义。

空间需要发挥各自的功能，在家不要忘了“分开、合并”。因为都是家人，虽然在一起时空间离得很近，但如果把它们分隔成可以发挥实际作用的空间，那么这套房子无关大小，一定能充分发挥出它的功能。我们可以一起来思考一下能拉近夫妻双方心理距离的空间设置在哪里。如果有被物品占据的空间，就说明这里抢走了你和伴侣在一起的宝贵时间；如果孩子们的玩具已经几乎占据了客厅，连坐的地方都没有，那就从孩子们的房间开始整理。为了不让孩子们的物品再次占据客厅，一定要给他们规定一个放玩具的地方。客厅可以作为夫妻俩坐下来休息的空间，除了和孩子们在一起的时间外，其实家里到处都隐藏着能让自己和伴侣更加亲近的空间。和伴侣进行更好的沟通会给子女，以及所有家庭成员带来积极影响。希望大家在这样的空间中能够拉近与伴侣的心理距离。

宅女不想出门的理由

生活中很多人都会错过摆在眼前的属于自己的幸福。不是这些人找不到属于自己的幸福，而是不会享受这些属于自己的幸福。

——W.佩特

不管我们喜不喜欢，愿不愿意，突如其来的新冠肺炎疫情让我们不得不停留在家里。随着居家时间增多，家不仅成了办公室，还成了我们进行业余生活的场所。因此，我们提升了对空间的期待，开始关注平时不曾关注的空间、物品，还有家人。以前家里的物品堆成山，但只要一出门就会感觉没什么大不了。可是现在由于居家时间变多，我们开始面临一个不得不成为宅男或宅女，却又笑不出来的时代。

我们每个人生来都有自己的性格，内向、外向、喜欢和人相处、喜欢独处、喜欢快速处理工作、喜欢慢慢摸索着工作，等等。在这些性格迥异的人中，有人喜欢居家，也有人喜欢在外面。那么，经常被谈论的宅女们为什么会选择做宅女呢？难道从出生开始她们就有做宅女的气质吗？

SNS（社交网站、社交软件）一经诞生就如暴风般地流行起来，成为展示自我、与人沟通的代表性工具。其中就包括通过上传自己家里的照片来与人沟通的人。这样的照片会获得大量的点赞，并成为令人羡慕的对象，而且还会成为一种新的社交和工作方式。越是对住所期待值高的人就越爱自己的房子。正因如此，爱惜、装饰的可能性才会更高。

宅女们为什么都那么开心呢？有这样一位网络红人，她是一位以展示自己漂亮房子为职业的家庭主妇。看了她上传的照片后，会让人产生一种极大的满足感和治愈感。很多人都好奇她是如何把房间收拾得这么漂亮，她的照片又是怎么拍得这么好看。她看到网上经常评论自己是宅女的文字，回答大家说，她几乎所有的时间都在家里度过，即使外出也会快速返回家中，也许正是这个原因，所以宅女的家都漂亮。

有幸福的宅女，也有无奈之下只能在家里生活的宅女。整日与外界断绝联系的宅男宅女们认为家是他们感觉最舒服的地方，连害怕外出的独居老人也认为能接纳他们的地方只有家。像这种心理上存在恐惧的人也能像前面提到的网红那样被称为幸福的宅男宅女吗？并不尽然。对于某些人来说，家是幸福的港湾；而对于另一些人来说，家是隐藏自己的洞穴。但这两种在家里停留时间较长的人也有共同点，那就是家对于他们来说，既是人生，也是全部。

那么问题来了，“您喜欢居家的时间吗？”本来期待能得到很多答案，结果却并非如此。家是无论自己喜不喜欢都必须要待的地方，所以大多数人的回答都是“从没想过这个问题”，只有宅女们回答非常喜欢待在家里。

每次讲课都会有男性朋友们来听。去年，在一个多文化家庭聚居区的教会进行了一次以整理治疗为主题的讲座。当时，一位男性朋友给我留下了深刻的印象，他的妻子是从越南移民到韩国的。这位丈夫嘴角总是带着微笑，看起来是个很和善的人。后来听一位认识他的人说，在小区里大家也都称赞他是一位好丈夫。我当时问他：“为什么来听这个讲座？”他说，他深爱来自异国的妻子，妻子是因为相信他才决定和他结婚的，而且他们的婚姻生活也很幸福，但自己却总是不想回家。

“家里非常乱，妻子也不整理，所以总是感觉回家的脚步很沉重。我知道自己也应该动手整理一下，但由于身体疲累，所以就一直拖着，结果家里就一直乱糟糟的。可能是因为文化差异，妻子根本就不知道要收拾房间，我们自然也就过着这样乱糟糟的生活，有时候用过的餐具甚至会放好几天都不洗。其实这个讲座本应该让妻子来听，但一是语言问题，再就是感觉她即使来了也不会轻易改变。我想要不我来学一下吧，所以就来了。”

可能是这样的回答让他有点难为情，所以他笑了。这位勇气可嘉的丈夫虽然很爱他的妻子，但却不爱他们的家。而且，他非常希望能和妻子生活在整洁的家里。

类似这样的丈夫想来学习整理的事例还真不少。无论是像上面所提到的代替不善于整理的妻子来学习的丈夫，还是回家发现没有休息之地的丈夫，他们都属于如果妻子不会整理，就下定决心自己来整理的丈夫。是啊，整理并不是妻子分内的工作，并不一定非要由妻子来完成，不是吗？整理并不是代替谁来学的事情，而是全家人都应该参与的活动。所以丈夫来学习整理是件非常值得称赞、令人高兴的事。就像爱妻子那般，为了能够爱上和妻子共同生活的家，丈夫也应该学习整理。而且，一起整理的时候会增加对家的感情，还能体会到家的可贵。为了成为能够享受居家生活的宅男、宅女，爱家不只是家里某个成员的责任。

诚如上面提到的，如果不是因为心理上的特殊原因而成为宅女的话，喜欢待在家里的宅女们会从爱家中获得原动力。她们认为，如果在家里无法获得可以感到幸福和愉悦的力量，那么长时间待在家里并不是件易事。这样看来，宅女能够爱上家里、不想出门的理由一定是她们在家里能够感受到心理上的安全，而且能够得到充分的休息。这个理由来自整理好的物品和摆放好的家具所带来的美感，还来自漂亮的装修以及祥和的氛围，总之宅女是爱家的。爱家的宅女若想在家里好好生活，就需要在家中创造生活元素，保持健康和正能量，同时还要让自己感觉到快乐。为了让喜欢居家生活的宅女们充分享受日常生活、业余生活、健康生活，让我们一起来好好整理一下空间吧。

如果决定做宅女，那就好好利用空间，尽情享受吧！

· 如果存在正在变成仓库的空间，那么就将其整理出来，使其成为自己想要的空间。

· 居家工作的空间 / 业余活动的空间 / 畅享游戏的空间 / 读书的空间 / 画画的空间。
· 如果阳台门被东西堵得打不开，那么就整理出来，放上运动器材，过健康生活。
· 至少要把餐桌区域整理出一块可以坐下来喝茶的地方。
· 将一个空间分区，有效利用。
· 将衣帽间分区，分出兴趣室；将卧室分区，分出书房。

为了让宅女不再因为心理上的抑郁，或是对出去见人比较敏感才不出门，让她们在家就能享受到健康快乐的生活，让我们尽最大努力把家打造成最好的空间吧。

整理好就不再痛苦了

如果说动机是出发的力量，那么习惯就是变得越来越好的力量。

——吉姆·瑞安

精神科诊断中经常会出现“躯体化（somatization）”这个词，它是指心理疾病通过躯体症状表现出来。所谓“躯体化障碍”，是指医学检查的结果都是正常的，但躯体仍表现出疼痛症状。大家应该都经历过心里不舒服，身体也会不舒服的症状。同样，身体不舒服，心里也会不舒服。大部分患有心理疾病的人都会通过躯体的形式表现出来，但这样不仅不会得到他人的谅解，反而会被误认为是在装病，还会感到自己被孤立。因此，身心合一是很有道理的，虽然没有找到相关的科学依据，但这种躯体化现象与心理因素有着直接的联系。

看一下韩国人特有的精神方面疾病“愤怒症候群”的症状就非常好理解了。首先会感到头疼，然后心跳加速或者经常胸闷、消化不良，这些都属于躯体化症状。专家称，抑郁感越强，躯体化症状就会越重。而且，还会对以心绞痛为代表的心血管疾病、胃溃疡等胃肠疾病造成一定的影响。因此，身体的病痛虽然可以通过治疗有所好转，但同步进行心理治疗更为重要。

一天，我接到了一位顾客的咨询电话，通话过程中她一直在哭。最后好不容易小声表达出了自己的意思。由于家里乱成一团，所以非常惭愧，本来是没有勇气来委托整理的，但被“空间治愈”这个公司名字所吸引，才鼓足勇气打了电话。

“我也不记得已经几年没有整理过家里了。现在在休产假，由于身体很不舒服，还处在什么都做不了的状态。实在不好意思，电话里展示不了家里的情况，我需要怎么做才能得到您的帮助呢？”

这位顾客似乎是鼓足了勇气才打来的电话。在通话过程中她一直向我表达自己的歉意。她似乎考虑了好久是否要拨打我的电话。整个通话过程都是边哭边隐忍着自己，想来她的内心一定非常痛苦。

之后我按约定时间进行事前拜访。我发现与她家里的情况相比，她的健康状态更让人担忧。

“感觉心很累，身体没有不疼的地方。胳膊、腿都疼，已经到了连一件物品都很难拿起来的地步。”

她脸色苍白，由于腿关节疼痛，站起来很困难，所以一直坐着。一看就知道，这种状态很难做到育儿与生活并行。她说虽然生完孩子后就开始休产假，但育儿要比想象中困难得多。忙于事业的丈夫在家务方面根本帮不上忙，也不太理解处在痛苦中的自己。她感觉如果再这样下去自己可能就要死了，所以才鼓足勇气打了电话。“总是莫名地流泪，安静地待着也会流泪。”

我经常会看到这样的客户。我并不是心理咨询师，我只是一位能帮助客户整理房屋，并告诉他们没能整理好房屋的原因，以及怎么整理才能让自己过上更好生活的空间整理师。但是，当客户来委托整理时，他们经常会流着泪向我讲述生活中的困难与痛苦。“如果您帮忙整理的话，一定会减少我的痛苦吧。”也有客户会用恳切的眼神来请求我的帮助。

正如上面提到过的，人的痛苦分为心理和身体两种。如果说这些痛苦与整理有关，那么可以把它们联系起来。“这种肉眼可见的、没有规律的整理状态会加重心理的混乱，还会让人产生类似囤积强迫症般的心理错觉，总觉得家里充满物品心里才能踏实。心理和物品的联系无论以什么样的形态出现，一定存在通过整理能够解决的纽带。”

无论从哪方面考虑，惬意和活力都是人们体验最多的情感。

识别、认定情感的情感工具表（mood meter）显示，对于人类的情感来说，惬意和活力是两个核心要素。

“惬意”这个形容词有心情好、心情舒畅的意思，它源于对卫生、颜色、湿度、温度等外部要素的感觉。这是一个与环境紧密相关的词，“惬意的空间”这种表达也并不陌生。把周围凌乱的物品都收起来，清理干净，用颜色适宜的家具进行布置，这样会提高惬意指数。在这样的空间中，我们能够感受到包括幸福、安定、平静在内的很多积极情感。因此，在脏乱的空间里感受到的不愉快也会被干净整洁的空间所带来的惬意取代。

所以，“整理后的空间”成为改变我们生活的媒介，可以让因为沮丧和不安而身心疼痛的我们发生改变。

设计精良的环境对健康和认知社会关系有很好的影响。

——《空间革命》莎拉·威廉姆斯·戈德哈根

请马上把那些东西扔进垃圾桶

如果知道拥有一切意味着什么，当初还不如怀有一些遗憾地生活。

——莉莉·汤姆林

刚开始丢弃物品时，我们都会怀揣着各种理由而不舍得丢弃。看到一直收藏的物品会想起它们所承载的意义；也有一些是因为比较贵重，会觉得扔掉可惜；有时，“也许有一天这些东西还会派上用场”的想法也会跟着作祟；丈夫送的礼物，和孩子、家人在一起的珍贵记忆；等等。但如果有意义的物品过多，就意味着将很难与真正珍贵的物品区分开。

此时，我们需要在这些物品中挑选出真正需要留下的，或是大小适中、适合保管的珍贵物品。然后再把其中的几件放在回忆箱中，剩下的拍照留存。让这些物品的故事与照片一起被记录下来，就可以制成一本只属于自己的故事书，随时可以拿出来翻看。之后，从剩下的众多物品中挑选出最具价值的，再将其留存下来。

那些不用，但却非常昂贵的物品自然是舍不得丢弃的。如果只是因为不需要而将其扔掉会带来经济损失，但如何清理这类物品成了一个难题。此时，我们可以考虑一下“分享”，虽然自己不需要，但也许其他人会需要。不要把这些物品放在丢弃箱中，可以先把它们放在分享箱里，之后寻找能分享出去的方法，开心地将这类物品处理掉。

分享是善举。一分为二，寓意温情。我打算努力去践行，分享我的整理秘诀，为有需要的人提供可以将闲置物品分享出去的场所。这样做不仅自己会感到幸福，别人同样也会感到幸福。为此，我还增加了回收旧物的业务。这项业务目前主要是以销售旧物为主，将获得的收益捐赠给那些被我们忽视的困难群体。之所以决定这样做，是因为每当在客户家的整理现场看到那些被挑出来的无用之物，都会觉得特别可惜。这些物品中有的连包装都没有拆，还有很多是拆了包装却没有使用过，所以我觉得把这类物品

空间治愈环保商店

通过旧物市场将这些物品销售出去，用得到的些许收益来帮助有需要的人，这难道不是环保的、实实在在的分享吗？

分享给有需要的人是件非常有意义的事。最近还出现了很多专门销售或捐赠旧物的组织。

通过旧物市场将这些物品销售出去，再用得到的收益来帮助有需要的人，这难道不是环保的、实实在在的分享吗？环顾周围就会发现，其实还有很多人买不起这些东西。我们可以通过这种方式和他们分享，一起来享受分享后的喜悦。届时，我们的内心一定会充满幸福。

昂贵却并不实用的物品都有哪些呢？去客户家考察后发现，每家的客厅都会放一台挂衣服的机器——跑步机，它绝对是长时间放置不用的代表性物品。明知扔掉非常可惜，但如果要继续使用，又觉得很困难，结果就成了“烫手山芋”。这类物品非常占用空间，所以综合考虑，可以将它归类为不实用的物品。

> 体积大、笨重的家具不仅对搬家公司的人是负担，对我们自己的内心也是负担。如果家里有这类家具，会限制我们的自由活动。我们可以把家想象成是一个只能摆放必需品的空间。虽然摩尔人的家里只有几张地毯、坐垫，以及一些茶盘和茶杯，但也是相当惬意的。
>
> ——《简单生活的艺术》多米尼克·洛罗

厨房里最多的就是无用的小家电。对于喜欢烹饪的家庭主妇来说，这些小家电的确是常用的必需品。但对于那些只是心血来潮时才会使用的人来说，买回来之后就被放在一边的小家电还真是不少。扔掉觉得可惜，而且还有“也许哪天会用得到”的想法，所以渐渐地，无用的小家电就占满了厨房。

体积越大就越应该果断处理掉。因为越大的东西越占空间，而且保存这种不知多久才能用上一次的物品会让家里的空间更加不足。

有的家庭攒了几百双木头筷子和塑料冰激凌勺。之所以保存这些，是因为感觉有一天会需要它们。

但是我们想一下，这些东西难道不是在家附近就能轻松买到的吗？即使家里不囤这些东西，也会很容易再次拥有，所以一定要让它们来占空间吗？不是只有体积大的物品占空间，小东西攒多了也同样会让空间逐渐变小，所以一定要马上将这类物品清理掉。不，应该是从停止囤积这些物品开始。囤积物品之前一定要冷静下来思考，这些物品是否真的很难购买，是否是今后所需要的，需要程度是怎样的？

最重要的是丢弃之前要先停止购入。盲目囤积下来的物品即使清理掉也不会后悔，所以果断地丢弃吧。然后期待一下腾出来的空间怎么规划，或者是打造成什么专属空间来使用。

只留下两三件必需品后，看到腾出来的空间，心里会感到满足和轻松。

> 然而通常情况下，“可惜”一词被当成珍惜物品的代名词在使用。
>
> 如果是在犹豫是否要丢弃时说出这个词，会为丢弃物品所带来的负罪感提供免罪符。
>
> ——《丢弃的幸福论》山下秀子

女生最难丢弃的是什么？大部分人的答案都是衣服。因为衣服对于女生来说不是生活方式，而是装饰品。即使已经拥有了很多，还是会觉得没衣服穿，结果就会不停地想买新衣服。

然而一个不争的事实是，虽然有很多衣服，但却都没有时间穿一次，再加上其他一些原因，很多挂在衣柜里的衣服一挂就是几个季节，一次都没有穿过。尤其是冬天的厚外套，虽然塞满了衣柜，但多数人都是只穿一件羽绒服过冬，其他超过10件的冬季外套都成了摆设。

尽管如此，女生还是会经常感叹没衣服穿，而且丢弃那些基本不穿的衣服对于她们来说是件非常艰难的事情。难以丢弃衣服的理由大致有如下几种：虽然过时了，但也许有一天还会流行起来；虽然尺码不合适了，但万一减肥成功了呢；虽然不穿，但却是我喜欢的款式；因为是别人送的礼物，所以非常珍贵；等等。在女生眼里，所有的衣服都是有故事的。

衣柜也需要有喘息的机会。每种衣料的保管方法都不同。挂满衣柜的衣服相互缠绕在一起会对衣料造成损伤，尤其是那些需要通风的衣服，它们不再是为了穿而存在，只是起到填充衣柜的作用。马上查看一下衣柜的状态吧。思考一下在已经无法确认某件衣服在哪里的状态下，是否还能感受到选衣服的快乐？每天只能选择自己够得到的衣服来穿，是否会感到不舒服？

检查衣柜/选择留下来的衣服

· 按季节分类：

外套/下衣/鞋子/包/饰品。

· 以自己喜欢、利用率高、必要程度为标准，制定属于自己的物品标准：

喜欢的衣服 / 适合的衣服 / 符合我身材的衣服 / 布料状态好的衣服 / 不流行的衣服。

清理衣服的方法是留下自己喜欢的、可以穿的衣服。余下的部分由于利用率不高，可以先放在丢弃箱或分享箱中。与此同时，为了防止整理后的衣柜再次成为“聚宝盆”，一定要提前定好衣服总量。此外，还要养成及时清理旧衣的习惯。限定总量的规则不限于衣服，所有物品都可以按数量限定，当物品数量由 10 件涨到 11 件时，为了保持既定的数量，一定要清除一件物品。

限定总量规则

·确定所有物品的数量并进行调整。

替换规则

· 以确定的物品总量为基准，调整购入和丢弃的数量。

清除无用之物是一种珍惜有用之物，并能够有效使用这些物品的手段。调整物品数量，用新物品来填补空位，会更加凸显其价值，而且正因为珍贵，所以定会物尽其用。

> 物品数量越少，能够享受的自由就会越多。让我们更多地和家人、朋友一起度过宝贵的时光，尽情享受生活的惬意。这难道不是找寻真正的自我，能够随心所欲的生活技巧吗？
>
> ——《丢弃物品练习》玛丽·兰伯特

坚持韩式极简生活

极简主义是一种清除无用物品的生活方式，其目的是将生活重心全部集中到重要的事情上。通过这种方式可以让我们探寻到满足与自由。

——约书亚·菲尔兹·米尔本，瑞恩·尼科迪默斯

被繁杂、忙碌的日常生活弄得疲惫不堪的现代人，不知从何时开始在饮食、搭配、室内装修等日常生活领域追求极简主义。拥有简单、单纯含义的“simple”，让生活在复杂时代的人们开始追求极简生活（Minimal-Life），这种生活方式源于对家里只放必要家具，过简单生活的思考。

极简生活模式在新冠肺炎疫情下备受关注。在无法自由旅行和外出的时代，大家都希望在家里能过上更简单、便利、实用的生活，因此极简主义急速流行。找出家里的有用之物，清空无用之物，这一宗旨显然是为了过上简单

健康的生活而进行的思考。

然而，我们需要仔细思考一下这个起源于美国和日本文化的极简生活模式是否和我们的文化相适应。经历了大地震后的日本对简单生活的要求不断增加，极简生活成为一种趋势，并站稳了脚跟。实际上，极简生活这种不能摆放威胁生命安全的物品的原则与韩国文化不尽相同。

韩国文化崇尚以家庭为中心，认为家人在一起分享美食，增进感情是一种美德，因此势必会需要能够满足这些活动的空间，以及必要的家具。然而，随着极简生活方式的风靡，为了能过上极简生活，人们开始随意丢弃物品，结果就出现了盲目丢弃的误区，甚至连能够让家人聚在一起享受宝贵时光的物品也都一同丢掉了。

韩国式的极简生活似乎更接近瑞典式的极简生活。瑞典式的极简生活可以用“拉戈姆”这个词来说明。

所谓“拉戈姆”是指不多不少，恰到好处。这与东方哲学里提到的“中庸”意思相似。精简的同时，强调均衡。

瑞典是因幸福指数最高而闻名的欧洲国家，起源于此地的拉戈姆生活原理就是指从容地生活。他们的生活绝不会被时间驱使，时刻保持极其单纯、简朴、均衡、稳定

能够让所有家人都感到幸福的空间

韩国式的极简生活并不是从盲目地丢弃物品开始，而是从创造适合家人，可以让家人在一起享受幸福时光的空间开始。

的情绪，这就是拉戈姆式的健康生活习惯。对于工作、生活、家具、室内装饰、饮食等所有方面始终保持着平衡，不会过多，也不会过少。

由于瑞典气候寒冷，与华丽的家具或物品相比，他们更喜欢使用能够给人带来温暖的针织品或灯光等来装饰空间，而且还会用从大自然中获得的各种植物把家里装饰得非常朴素。瑞典人并不想把空间填满，而是不断努力地把内心填满，寻找能给予他们安慰的方法，而不是让物品成为生活的主体。他们从不盲目丢弃，而是把大自然带进家里，不追求数量，适当清空，探寻简单的幸福。

随着新冠肺炎疫情的爆发，拉戈姆式的极简生活对于我们来说非常有必要，如今我们和家人一起生活的时间变多了，比以往更加需要在家里享受舒适的生活。从找出生活必需品、家具、空间开始，适当清空，慢慢寻找幸福，逐渐拥有自由的生活方式。

当决定开始过极简生活的那天，如果能将客厅里最先映入眼帘的沙发扔掉，一家人就可以在腾出来的空间里享受舒适与幸福。

在下定决心整理厨房的那天，如果把餐桌舍弃就会获得很大一片空间，这时需要准备一个可以让家人一起用餐、谈笑风生的桌子代替原来的餐桌。但这种极简生活方式如果让家人感到不舒服，就不是正确的选择。

极简生活是在得到自己和家人一致认同的基础上，能让所有家人都过上满足的生活做出的选择。如果家里的沙发是家人休息时必选的家具，和家人一起用餐的餐桌只有在厨房才可以和家人共度美好时光，那么当然还是要把这些物品放在原位。

韩国式的极简生活并不是从盲目地丢弃物品开始，而是从创造适合家人，可以让家人在一起享受幸福时光的空间开始，然后再清除不需要的家具和大量囤积的物品。当和家人在一起时不会再感到不适，慢慢地习惯了，这才说明自己真正过上了幸福的极简生活。

Chapter 2

◇◇◇

空间蕴含在心理学中

◇◇◇

难道妈妈也是囤积狂?

孩子们会喜欢什么样的环境?

爱炫耀生活空间的女人们

让妈妈幸福感爆棚的厨房

宅家时代感到忧郁的原因

在卫生间驻足的秘密

他们为什么会哭?

离家出走的孩子们

寻找"洞穴"的丈夫们

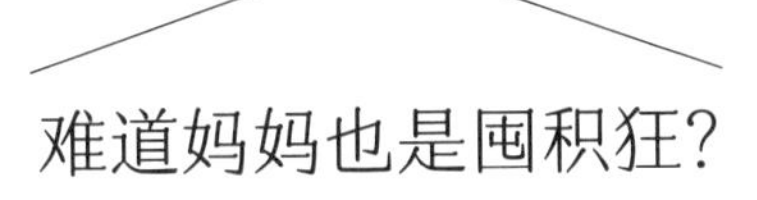

难道妈妈也是囤积狂?

堆满各种杂物的房子

囤积狂自我诊断清单：

□ 积攒免费物品。

□ 储存所有物品，包括一次也不用的物品。

□ 盲目攒东西，还不收拾整理。

□ 不攒东西心情就不好。

□ 独处的时间多。

□ 最近焦虑感增多。

□ 不允许家人碰触自己的物品，认为它们都是贵重的宝物。

□ 平时说话很啰唆。回答问题从不简明扼要，每次都要进行详细说明。

□ 感觉自己经常无法做决定或无法完全集中精力，判断力急剧下降。

□ 抑郁感增强，经常冲动购物。

所谓强迫症是指不受自己意志控制，处于被某种想法紧紧控制的状态下，为了减少突如其来的不安而反复进行某种行为。其中盲目积攒，无法丢弃物品，或者对丢弃这种行为感到不安的症状，被称为囤积强迫症（compulsive hoarding syndrome）。

之所以会出现这种症状是因为支配决定是否需要和丢弃行为的额叶没能正常发挥作用。为了从心理上进行补偿，就出现了对物品过度热爱的症状。

由于判断价值和决策的能力受损，很难判断出物品是否真正需要，就先无条件地存储起来，这种行为被看作罹患囤积强迫症的主要表现。

B老的家有18坪（约59m^2），家里堆满了各种各样的杂物，她只能蜷缩着睡觉。年过70岁的她从很早以前

被捡回来的物品堆满的房间

B 老的家有 18 坪 (约 59m^2)，家里堆满了各种各样的杂物，她只能蜷缩着睡觉。

就对物品采取只攒不扔的原则，而且还在不断地攒着新东西。这些积攒下来的大部分东西都是她捡回来的，而且捡这些东西也不是为了使用，只是单纯地为了把房子塞满。B老说自己已经和子女断绝往来超过15年了，在和我交流的过程中，她不断叹气，心如死灰一般，流露出深深的孤独感。

因为家里已经被堆得连坐的地方都没有了，所以我劝她扔掉没用的东西，但这对她来说是件痛苦的事情，就像要和家人分离一样，非常艰难。囤积强迫症与省着用或收集自己喜欢的物品完全不同，患有这种症状的人会连吃剩的饼干袋子等垃圾都无法扔掉，完全丧失丢弃的能力。如果对此放任不管，那么不仅不会改善，还会继续恶化下去。这类人需要进行初期治疗，有时也需要进行药物干涉。但是，比药物干涉更重要的是患者本人需要认识到这个问题，而且还要有改正的决心。此外更为重要的是，周围的人需要明白当事人不是不想扔，之所以这样是因为脑功能出现了异常。因此要给予他们充分地理解，还应该帮助他们进行整理，选出需要和不需要的物品。

到目前为止还不清楚囤积强迫症出现的真正原因，但这些人如果无法从周围人那里得到充分的理解与认可，那么就会对物品过度地执着。反之，一旦感觉周边人给予了他们理解与认可，症状就会自然消失。B 老就是因为和家人断绝了关系导致情感缺失，所以才将这种孤寂的情感转化为对物品过度地执着。在与囤积强迫症患者的家庭进行接触的过程中发现，他们中的大多数人都是与社会隔绝的独居老人。说到底，囤积强迫症是一种与心理补偿相关的疾病，想用物品来填补自己缺失的情感。

对于这类被社会孤立的人，我们不能视而不见。如果周围有囤积强迫症患者，我们一定要关心他们，并伸出援助之手，一起努力寻找方法，帮助他们丢掉之前无法丢弃的物品。此外，即使对物品不会过度执着，但不知道自己是否有囤积强迫症，最好找个时间测试一下。

孩子们会喜欢什么样的环境？

在家里打造孩子们的专属空间

教育学家肯·罗宾逊（Ken Robinson）主张通过为孩子创造丰富多彩的环境来改变教育模式。就像农民种下西瓜籽后不可能长出香瓜一样，创造最适合西瓜生长的环境是他这一主张的核心。

孩子和成人喜欢的空间不同。比如，成人觉得开阔的空间会让自己的内心更安定，能更好地集中精力。而孩子却更喜欢狭小、隐僻的空间，他们觉得这种空间才真正属于自己。孩子喜欢小空间的其中一个原因是他们觉得这样的空间能让自己感受到在妈妈肚子里时的安全感。属于自己的狭小空间越多，孩子的安全感就越强，想象力也会越丰富。孩子在狭小空间里会进行各种各样的想象，在那里做游戏、读书的过程中逐渐成长为具有创新意识、热爱自由的孩子。就像我们小时候也会钻进小箱子里去创造属于自己的空间一样，孩子们都喜欢寻找小空间，然后在里面创造不同的世界。

但并不是说在装修儿童房的时候一定要将大空间划分成一个个的小空间。房间的大小无关紧要，最重要的是要在某个角落开辟一个只属于孩子的秘密场所。拥有只属于自己的特别空间，会让孩子感觉自己就是主体（agency），所以这个特别营造出来的小空间会更具有价值。其实，在为孩子打造属于他们自己的空间时并不需要特殊设备，使用孩子喜欢的颜色和玩具就可以打造出来。这个能够承载孩子无限想象力的地方就属于孩子的空间。孩子的世界如何开启取决于家里拥有的能力。

如果能了解孩子行为发育和认知发育会经历的各个阶段，按照孩子的年龄来为其设计空间，则能打造出更符合孩子心理、行为发育、令他们满意的空间。即使不是心理专家或教育专家，凭借父母对孩子的爱也完全可以打造出来。埃里克·埃里克森（Eric Ericson）和皮亚杰（Jean

Piaget）的理论是最具代表性的儿童发育心理学理论。对于青春期之前不同年龄段的孩子来说，自律性和非自律性是核心。比如，孩子虽然喜欢小空间，但却希望自己在其中起主导作用，做到自律。在为这类孩子设计房间的时候，可以营造一个让他们认为这就是小空间的区域或者帐篷等，里面可以放一些孩子自己选择的玩具，或者放一些可以让他们用来打造属于自己空间的小家具。此外，在整理孩子玩具的时候，一定要留出一个空间来让孩子自由发挥，引导他们在这里自由打造新事物，创造属于自己的多样世界。

为了能将孩子的房间打造成梦幻空间，让其可以在里面充分展开想象，首先要明确的是，孩子的房间里只放孩子的物品，不要让大人的物品妨碍到孩子。符合他们年龄身高的物品和书籍可以成为孩子打造空间的素材，孩子会将周围所有的物品改造成他们自己想要的样子。因此，孩子的房间里最好只摆放他们的玩具和书籍。此外，还可以选择能够再现孩子的经历，有助于培养孩子创造力和想象力的黄色来装饰房间。如果是精力不集中的孩子，则可以选择有助于稳定情绪的绿色的壁纸、家具和小物件等。如此一来，打造后的空间不仅能够让他们心神稳定，还能让他们感到满足。

皮亚杰的认知发育阶段

1. 感知运动阶段（0～2岁）：所有智力发育的基础，感知运动图式发育，以自我为中心，逐渐认识到客体永恒性。

在这个最基本的感知运动阶段，孩子的活动比较少，所以此阶段不需要太多空间。这段时期，最好给孩子打造一个有助于他们睡眠、能让他们感到安全的舒适空间。此外，还可以给他们安装一个玩具床铃。为了能让父母和孩子形成相互依恋的亲子关系，可以放一张能够容纳和孩子面对面睡觉的儿童床。此阶段由于育儿时间非常多，会消耗很多体力，所以重要的是父母的动线一定要合理，育儿所需的物品一定要尽量放在容易找到的地方。

2. 前运算阶段（2～7岁）：虚拟游戏，自我中心性，直观思考，独特的分类概念及因果逻辑。

这是一个喜欢玩象征性虚拟游戏的时期，所有的感觉都是以自我为中心。模仿各种行为或者通过肢体语言将周围的事物形象化。与此同时，处于该阶段的孩子开始学说话，语言能力快速发育。因此，最好给孩子设计一个可以培养其想象力的创意空间。在这里，孩子可以通过各种各样的游戏来让自己习惯进行象征性思考，最好购置不同的玩具和教具。由于此阶段孩子的运动神经也在发育，所以在游戏空间内最好留出一块空余地方。此外，还需要引导孩子养成自己收拾玩具的习惯，同时还能促进认知能力的发育。在布置玩具室时，一定要将游戏空间和收纳空间分开。在培养创造力的同时养成自己整理的好习惯，还可以解决杂乱无章这一难题。

3. 具体运算阶段（7 ~ 11、12 岁）：可逆思维，具备掌握概念，脱离自我中心性，能保持可视性、具体化层面的逻辑思维。

小学低年级阶段对社会的关心增加，视线开始转向外面。建立人际关系的同时，在校园生活方面有了一定的进步。如果通过新的挑战和努力获得成功的经验，会让自己充满力量和自信；反之，则会打击自尊心。因此，首先要放一张能够提升学习能力的安全书桌。在打造出来的空间里最好能留出一块让孩子进行一些提高成就感的业余活动，或者能和朋友们一起玩要的地方。此阶段美术活动能提高孩子的创造力，可以在书架上留一处放美术用品和能够进行兴趣活动的收纳空间。由于此阶段孩子的身体运动量比前运算阶段有所减少，因此与自由的运动空间相比，最好为他们打造一个孩子喜欢，能够让他们进行多种尝试、发挥才能的空间。比如打造一个可以演奏乐器的空间或者摆放一张能够进行自由绘画的桌子等，效果会很好。壁纸或床单可以选择孩子喜欢的颜色，以此来增加亮点，但主色调一定要使用能够让孩子集中精力的颜色。此阶段需要在房间里放置一些收纳工具，用来收纳美术用品、书籍、文具等。由于此阶段的孩子已经识字，最好培养孩子自己核对物品摆放位置的习惯，即将各种物品回归原位的整理习惯，以此来培养他们的责任感。

4. 形式运算阶段（11、12 岁以后）：认知成熟的开始，即使没有具体的对象，也能进行抽象的思考（假设演绎）讨论、推论、论述等成年人进行的所有推理形态。

此阶段相当于青春期，孩子希望能够拥有一个私人空间。这个阶段孩子的思考会以自我为中心，压力也比较大，所以最好能为他们打造一个可以享受兴趣爱好的空间，尤其是一定要准备一个能保证良好睡眠和休息的空间。过度强调学习氛围一定会给他们增加压力值。此时，休息时能给予他们安全感的床和舒服的安乐椅是非常好的选择。虽然整体上选择的是能给人安全感的颜色，但最好还是能够反映出孩子个人的品位。尤其是对于女孩，这个时期的女孩子对外貌方面的关注度不断增加，正处于向成人过渡的时期，因此女孩的房间最好放一张梳妆台。此外，这一阶段的孩子会对自己的物品非常执着，所以可以指导他们自己整理，为了能迅速整理好，可以使用一些大的收纳箱。

爱炫耀生活空间的女人们

网红们的健康自恋

SNS（社交网络服务，包括社交软件和社交平台）的发展给我们的生活带来了很多变化。其中有一定影响力，能吸引大量粉丝的人在制造热点的同时，自己也成了比明星更受关注的人。随着网红这一新型职业的出现，利用他们来进行市场营销的新经济运营模式呈上升趋势。向社会宣传个人影响力的 SNS 有很多使用途径，其中通过照片来吸引关注的“照片墙（Instagram）”软件取得了巨大成功，甚至被称为“与全世界沟通的平台”。“照片墙”里的明星不仅限于人，有时还会是谁都想去住一住的房子，在这里房子也能成为“明星”。

网红们都具备某种超强的能力，一些网红可以把房子收拾得漂漂亮亮，然后拍照上传到网上来吸引网民的关注。他们的时尚感和摄影技术不亚于专业人士，以此来展示自己美丽的家。看到这些照片的网民会很羡慕房主，有时还能通过这些照片获得满足感。很多女生想公开自己漂亮的房子来炫耀自己的生活方式，她们的这种心思似乎并不是单纯的炫耀欲望。

这种将自己的外貌或能力理想化后展示给外界的自恋心理比较像自恋症（narcissism）。自恋症就像公主病，或者现在常说的“戏精”。自恋症被认为是现代人普遍存在的病症，即眼里没有别人，只能看到自己。但健康的自恋并不是过度自我表现、一切以自我为中心，而是恰如其分地展示自我，创造魅力，同时能让别人从中获得活力的健康姿态。乐于展示自己的房子，让人们从中感受到积极的生活态度，这是健康自恋非常重要的一部分。自恋也能体现出自尊心，健康的自恋让人光明正大地展示自己的网红文化并不断发展，也不是什么坏事。

当然，也有那种通过展示自己的房子来赚取收益的网红，但如果他们一开始就不喜欢这种事，之后也就无法继续下去，所以我们也可以把这种以营利为目的的展示看成是源于对家的热爱。他们这种公开炫耀自己家的心理其实就是在间接邀请关注他们的人来自己家里玩。这种心理是想和别人一起欣赏自己的家，想在被称为家的空间里和别人一起分享被治愈的感觉，想和喜欢自己家的人一起产生共鸣。换句话说，当这些炫耀自己家的网红们把在家里感受到的好情绪分享给别人，在得到共鸣的同时，他们的心理会再次获得极大的满足感。

那么，对网红的家充满向往的网民的心理又是怎样的呢？

空间的呈现形式有很多种，其中能最大程度承载生活的空间就是家。因此，大家都希望自己的家是特别的，直到生命的尽头都还在不停地寻求更好的房子。谁都希望自己生活的家里充满惬意，但是否能够把它打造成理想空间却是另外一回事。这时，人们通常会对别人的家充满向往。于是，他们就开始关注能将房子打造成完美空间的人，当然这种才能是他们不具备的。这样就能充分享受进入陌生世界的感觉，他们会感觉自己被邀请去别人的家做客。这些人的家实现了他们无法实现的梦想，超越了居住的目的成为作品，开启了幸福之门，并尽情展现优雅与美丽。

优雅和美丽帮助我们超越自己的极限。优雅之人举止中所体现出来的美是与之相匹配的心态和不断努力的结果。为了优雅地生活去努力，会让我们的生活变得更完美。

——《简单生活的艺术》多米尼克·洛罗

房子漂亮，有结构特别、室内装修和谐、色调唯美等多方面原因。但最近又出现一个新的流行趋势，那就是从整理好的家中感受美的存在。

欣赏别人整理得干净利索的房子，会获得满足感。实际上，美国康奈尔大学研究小组的研究结果显示，认为自己的家安全、能够得到充分休息的主妇与觉得自己家杂乱无章的主妇相比，其皮质醇值一整天都会很低。

由此可见，喜欢炫耀和展示自己空间的网红在共享安逸的同时，在心理上还能感到满足。如果是出于善意来炫耀自己家的网红，他们会超越自我满足，带来很好的影响力。如果有人因其影响力而得到治愈，那么当房子作为“明星”出现在大众视野，这种现象则可以判断为是积极的。

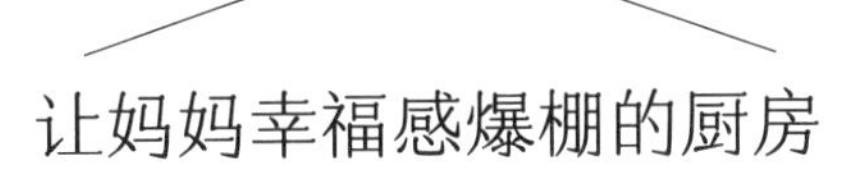

让妈妈幸福感爆棚的厨房

决定家庭氛围的空间

行为与环境关系的研究结果表明，为了减轻压力，与在整理好的厨房相比，在杂乱无章的厨房里更容易吃曲奇饼干等甜食，且数量会多出两倍。

对于妈妈，即对主妇来说，厨房是为家人制作美食的地方，也是主妇停留时间最多的空间。然而，对于在厨房里愉快地为家人准备食物这件事，每个主妇的想法大相径庭。喜欢烹饪的女性在厨房里度过的时间是幸福的，她们可以在厨房里享受这种小小的幸福。但是，也有很多女性认为做饭是工作的延续，并不快乐。对于这部分女性来说，厨房只是个完成自己该做的事情的空间而已。

所有的家庭成员都应该幸福，但是家里总会有人在做牺牲。所有的家庭关系都有着自己看不见的规则。有人是牺牲者，有人是奉献者，还有人是默默无闻的英雄。在这种家庭关系构架中，如果说过去大部分妈妈都扮演着牺牲者的角色，那么现在则转变为家庭成员共同分担，一起享受幸福的健康家庭模式——不再因为一个人的牺牲而感到愧疚和抱歉，所有家庭成员都能幸福地维持自尊心。其中妈妈停留时间最多的厨房需要成为守护她们自尊心的空间。

> 技术越发达，厨房的工作就越贬值。原本应该变成谁都可以做，大家一起做的事情，却往往成了“也不是什么重要的事儿，你继续做吧”的命令的心理机制。
>
> ——《女人生活在另外的地方》柳恩淑

如果说主妇在厨房里会感到不快，难道不正是因为别人都把厨房的活儿看成是无关紧要的事情，而她们还得继续做下去，由此产生了一种不被重视的感觉吗？但如果是和朋友们一起制作美食，聊聊家常，或是和可爱的孩子们一起开心地做曲奇，抑或是独自一人边看书边来杯咖啡享受美好时光，厨房给人的感觉就会完全不同。它可以成为妈妈们行使权利，能够做自己想做之事的空间，还可以成为妈妈们驻留脚步，愉快享受生活的空间。

厨房处于家里的核心位置。大多数房子的格局都是厨房连着客厅，所以它是家人经常出入的共享空间。因此，不能把它限定为只属于妈妈的空间。除了烹饪时间以外，厨房也可以是全家人聚在一起的空间，而且随着文化的发展，爸爸也成为在厨房准备饭菜的主力军。即便如此，妈妈在厨房停留的时间还是最多的。所以，为了妈妈，也为了家人，如果可以的话，最好把厨房打造成妈妈喜欢的氛围。

除了妈妈喜欢的安全高效氛围之外，还可以把厨房装修出咖啡厅一样的感觉，或者装修成读书空间。在这样的空间里做家务，妈妈自然而然就会将碗筷摆放整齐，把厨房整理得漂漂亮亮，让其拥有治愈效果。每个家庭成员都需要一个属于自己的空间，然而，多数情况下妈妈没有这样的空间。因为厨房是妈妈停留时间最多的地方，所以会被认定为妈妈独有的地盘，就像妈妈做好饭后会召集家人出来吃饭一样。如果能将厨房按照妈妈的意愿来布置，这里会成为家里氛围最好、让妈妈感到幸福的空间。不要将餐桌定义为只能在吃饭时作为饭桌使用，如果在上面放一些妈妈喜欢的小物件，或者可以让妈妈用它做一些她想做的事情，那么厨房就会变成妈妈觉得最幸福的空间。

宅家时代感到忧郁的原因

垃圾桶般的家

由于新冠肺炎疫情的爆发，我们只能被迫待在家里。居家办公耽误了工作，学生的生活节奏也被打乱，没有顾客的饭店一个接一个地停业。由于正常生活被剥夺的失落感，失业、停业等生计不稳定导致生活压力逐渐增加，越来越多的人出现了疫情抑郁症[1]。他们畏惧出门，喜欢待在家里，开启了全新的“宅家时代”模式。

1 疫情抑郁症（corona blue）：新冠肺炎疫情与忧郁感（blue）组合在一起的新造词，随着新冠肺炎疫情的扩散，在生活遭遇巨大变化时而出现的忧郁、不安、无力等症状。

在家时我们能看得见家里所有的物品，也一定能感觉到家里如垃圾桶般。也许是因为目前处于宅家时代，所以委托整理房屋的家庭非常多。随着居家时间增多，也暴露出之前没有意识到的现实中房子的状态。很多顾客会和我倾诉忧郁的心情，还有不少人说自己的家像垃圾桶一样。然而，与“垃圾桶”这种说法相比，家里的空间越来越小的说法更加贴切。家对于人的一生来说是重要的存在，所以至少要拥有尊重家的那份心。

相反，也有人因为不能出门，多了重新审视和装修房子的时间，反而觉得感恩。这些人感受到了自己家的珍贵，更加用心去整理、装饰。虽然人们遇到同样的情况，但接受程度和感觉是完全不同的。宅家时代的到来让所有人的生活都变得更加艰难。在克服这种情况的众多方法中，如果不能把家打造成适合休息的空间，那么陷入疫情抑郁症的风险会变得非常高。实际上，越来越多的人已经开始诉苦，宅家时代攒下的如同垃圾般的物品让他们感到压抑。

想在宅家时代维持之前的日常生活并不容易。每天重复的生活需要用不同的身体活动来填补，因此有时需要尝试不同的事情。但是，在尝试做时往往需要合适的空间，而且氛围也很重要。比如现在宅家锻炼[1]的人在不断增加，虽然想紧跟潮流，但多数情况都是家里没有可用来运动的空间，也很难营造出愉悦的氛围。在垃圾桶般的家里什么都不想做，甚至都不能舒服地坐下来喝杯茶休息一下。因此，在陷入无力的状态下想维持干净整洁的环境就更加困难了。看着越来越脏、无法下手收拾的家，只会加重抑郁感。

我们往往会因为从别人那里听到安慰的话或者一些外部因素而获得心灵上的慰藉，但这种别人制造出来的情感治愈并不会维持太久，最终这种情感治愈还是要靠自己来掌握。所谓“如垃圾桶般的家”并不是说家里垃圾堆成了山，而是指家里到处堆满杂物的凌乱状态。这种物理状态可以将其看作是无法整理时出现的心理状态。理不清过去，又担心未来，还无法丢弃和整理，所以就这样囤积下来了。我们需要自觉地读懂自己的心理状态。像清除家里的垃圾一样，将内心深处那些之前理不清的思绪逐一整理出来，这也是保持健康心态的方法之一。

为了摆脱抑郁感出现了很多有意思的兴趣文化，其中

---

1 宅家锻炼：指可以不受时间地点限制的运动。

“居家度假（home+vacance）”这一全新的兴趣生活脱颖而出。这种度假方式是在无法出门度假的时期，简单地通过变换家具的位置，来将自己的家改造成类似度假村一般。单凭改变家具的位置就会让我们的感官系统觉得换了一个全新的环境。因此，如果感觉家里像垃圾桶一样，只要稍微改变一下家具的位置，就能降低抑郁感，还能拥有重获好心情的机会。

在卫生间驻足的秘密

私密空间

家里最私密的空间当属卫生间（浴室）。但是最近，卫生间的意义在发生变化。被称为生活浴室（living bath）的卫生间不再只是单纯地解决生理需求，其功能被扩大到了可以在此处休息，并得到治愈。虽然家里的所有空间都是不可或缺的，但由于卫生间并不是我们长时间停留的空间，很多人都没有想过要好好整理或设计，而且还认为这里只要能洗漱、能排便就可以了。

现在，随着人们越来越关注健康，重视个人尊严，打造只属于自己的治愈空间成了必不可少的需求。所以，卫生间这一空间的重要程度也在急剧上升。德国诗人贝尔托特（Bertolt Brecht）曾称赞卫生间是世上最能让人感到满足和爱的场所。《悲惨世界》（*Les Miserables*）的作者，法国文豪维克多·雨果（Victor Hugo）也曾说过："人类的历史即是卫生间的历史。"人们在卫生间排便的同时还可以做一些事情，例如看书，以此来享受只属于自己的时间。其实卫生间不仅能解决个人生理需求，还能成为精神的解脱之所。

在西方，卫生间曾是享乐和社交的场所，19世纪以后才被分离出来，成为私密空间。当今时代，随着人们对卫生间的关注度逐渐增加，越来越多的人想把其打造成独特的空间。有人把卫生间装修成高级感十足的酒店风格；有人则将其打造成一看就会联想到家的感觉，始终维持着干爽舒适；还有人将其设计成不与其他空间分隔的干式卫生间。被打造得如此完美的卫生间，即使不在里面休息，只用眼睛看也会被治愈。卫生间成为可以展现主人性格和家庭氛围的象征物。在卫生间里放一些漂亮的装饰品，或者放一些带香味的物品，立马就会大变样。

给卫生间赋予超越本身价值的理由在于"对自己所有物的欲望"，在于想独自一人时尽享休息的欲望。但是，并不是说只有把卫生间装修成酒店般豪华才能保证个人的休息。只要是一个能与外部完美隔绝，隔断噪音的安静环境即可，这样有利于整理头脑中杂乱的思绪，有时还能为工作想出新点子。这里相当于能让身心都维持在最纯粹状态的空间。

人们对卫生间的认识不断加深，它不仅是可以保障休息的空间，同时还是悄悄宣泄个人和社会欲求的自由空间。正是因为卫生间在心理和情感方面都能对人产生一定的影响，所以，如果能将卫生间打造成轻松愉快的休息场所，就可以期待一下用较少的投入收获巨大的效果。仔细思考一下需要把自己和家人每天都会进出几次的空间整理、打造成什么风格吧。不需要花费过多的费用，如果卫生间被整理得干净整洁，内心就可以得到足够的治愈了。

他们为什么会哭?

整理房间后的感受

整理的目的之一是让空间发生变化。看到被整理好的房子，房主们的满意度都非常高。大部分房主说得最多的一句话就是“感觉来到了一个新家”。整理结束后，客户们看到完全改变后的空间所做出的举动可以看成在传递一种强烈的情感。其中一个不争的事实就是我们会看到很多流泪哭泣的人。哭泣可以表达悲伤、快乐、痛苦等情感，房主们哭泣的理由可以看作是多种情感交织在一起后形成的复杂情绪。与其说是因为自己的家里发生了变化，让他们再次拥有了良好的环境而留下了开心的泪水，更确切地说，这是一种深层面的情感表达。这泪水既是在抚摸、丢弃、整理物品的过程中再次回顾自己人生经历时发出的感慨，也是随着那些积攒已久的物品消失而感受到的畅快。

整理空间的过程就像是在碰触内心深处的某一点，这与弗洛伊德所说的无意识世界很像。那些平时被压抑在潜意识里无法表达的情感，如希望得到爱、希望确保个人稳定、希望活得像公主一样、希望能够安静地进行自我反省等，整理后随着空间的出现，这些情感也被碰触到了。这些都是存在于潜意识里的期盼，当这些真实地呈现在眼前的时候，他们就不由自主地流下快乐和感恩的眼泪。

顾客会流泪的另一个理由源于关系（relationship）。家这一空间可以反映出家人之间的关系。家人是最珍贵的存在，同时也是最能相互伤害的一种关系；既能让对方感到负罪感，也常常希望得到对方的认可。顾客们流下泪水，有时很大程度上是因为整理结束后能够让最珍视的人开心，有时也能表达他们的歉意。自己原本想给孩子、丈夫或者是妻子打造一个完美的家，但到目前为止都没能实现，当看到整理后的家像换了一个新空间时，抱歉和感恩之情会瞬间出现，泪水随之涌出。这泪水中既有对家人的歉意，也有对整理师的感恩，同时也是一种源于家庭关系的潜意识情感。

有时在为客户提供整理服务时，也会遇到需要整理客户家人遗物的情况，这时客户会非常苦恼。如果家人是突然离开则更会如此。此时，在整理遗物过程中客户流下的泪水可以看成是在清除对已故家人的记忆。遇到这种情况，我们在整理时会格外小心，同时也希望客户的悲伤能够随着这些被整理出来的物品一起消失。

无论是何种情况，我们都无须强忍泪水。想哭就哭，想放声大哭就放声大哭，这样不仅可以降低患病风险，还可以起到清空大脑的作用。最近，哭泣疗法作为可以治疗身心的方法备受瞩目。已有研究结果表明，眼泪可以抑制引发疼痛的物质，降低压力指数，具有非常好的解毒效果。如果诱发哭泣的原因不是悲伤而是快乐，那么，其治疗效果就会是平时的好几倍。

人类学家阿什利 · 蒙塔古（Ashley Montagu）曾说过，哭与笑一样，可以在社会和心理两方面让我们感到满足。他在著作中写道："自由地哭泣不仅有助于个人健康，还能对别人的幸福产生很大的影响。"

整理结束后他们为什么会哭？虽然每个人的情感不一样，但宣泄之后获得的治愈经历却都是相同的。因此房主们的泪水是美好健康的情感表达，是值得鼓励的事情。

离家出走的孩子们

为什么不想回家？

孩子们无法待在家里，总想去外面玩耍，这经常会被视为社会问题。这时，父母和家庭肩负着让孩子获得健康和幸福的责任。此阶段，对于处在发育期的青少年来说是非常艰难的一段时期。青春期的孩子经历着大脑、荷尔蒙等身体方面的变化，同时也开始把重心由家人转向朋友，在很多方面都想得到朋友的认可。而且，进入第二次发育期，孩子们在身体和情感上经历着连自己都无法控制的变化。如果是生活在不和谐家庭氛围里的孩子，他们小时候会无条件地顺从，无法发挥自己的能力。但进入青春期以后，由于身体和精神上都发生了变化，他们会呈现出与之前完全不同的状态，会经常和家人吵架。即使是心理和环境方面都很稳定的孩子，由于受荷尔蒙或本能的影响，也会产生逆反心理。

小时候认为爸爸妈妈都是超人，进入青春期以后察觉到父母能力的局限性，崇拜心理随之消失，开始和父母顶嘴。与此同时，随着之前积累下来的不稳定情绪一下子爆发，他们会用各种方法来进行反抗，甚至会选择离家出走这种极端行为。但更多的是选择家长比较常见的方式，即待在自己的房间不出来。这些情况都是想逃离家人和家这一实际空间的束缚（离家出走），抑或是想过宅居生活（孤立）的表现，同时把家人当成是家的一种反证。也许对于孩子来说，被称为家的篱笆墙从一开始就不是温暖安全的。

安全和稳定究竟意味着什么呢？首先它源于父母温暖的言语和关怀，能让孩子获得安全感。如果家里有做饭的味道，会让孩子感觉到温暖，像被妈妈抱在怀里一样。我们可以回想一下儿时的时光。每当放学回家，妈妈的拥抱还历历在目。到目前为止，还没有感受到比妈妈的拥抱更加温暖的东西。相反，如果哪天回到家里妈妈没在，不知为何总会觉得不舒服，心里空落落的。小时候，有妈妈在的地方都会觉得非常踏实，仿佛能承载一切。然而，从步入青春期开始，与妈妈的爱相比，孩子会更加在乎朋友的爱。此阶段，朋友替代了妈妈，成为这世界上最珍贵的存在，和朋友之间的关系也对生活产生了一定影响，想和朋友一起去任何地方。因此，此阶段的孩子不仅想邀请朋友来家里做客，也想去朋友家玩。

正因如此，此阶段的孩子都希望自己的房间能被整理得干干净净。尤其是当发现朋友们的家都布置得很漂亮时，这种心理会更加强烈。因此，为了能在干净整洁的房间里招待朋友，他们也会尝试自己整理凌乱的书桌。对处于青春期的孩子来说，与妈妈要求他们整理房间相比，他们反而会更愿意为要来家里玩的朋友做点什么。可是即便如此，父母都希望孩子们能够把精力集中在学业上。因为担心孩子不学习，所以他们会一直不停地敦促孩子，虽然他们都很清楚这样做会给青少年阶段的孩子带来很大的压力。

当然，谁都不能让这一阶段的孩子放弃学习。可我们面对的现实是，能够同时缓解学业压力和成长压力的空间也确实不多。假如家里存在这样一个空间，情况就会发生变化。把孩子的房间彻底独立出去，用他们喜欢的装修风格进行布置，里面再放上有助于缓解情绪的物品。这个属于孩子自己的空间，在能给他们心理上带来安全感的家里被打造出来，有助于他们养成自律的习惯。如此一来，这个属于孩子自己的空间不仅可以让他们完成学业，同时还能成为他们自由畅想未来的场所。

为青少年准备的空间需要独立出来。此外，与原色相比，最好选用能令人心神安定的绿色或蓝色的壁纸以及小装饰品。绿色有缓解视疲劳的作用，非常适合青少年的房间。灯具要选用柔和的灯光，这样有利于孩子学习。孩子的床上用品一定要保持洁净，让他们能够拥有良好的睡眠，保证休息质量。此外，还要注意保持室内的温度。

在惬意的空间里感受平静，对于处在青少年阶段的孩子来说要比成人更加敏感。做好收纳整理工作，不要让他们处于凌乱的环境，这里一定要注意的是，不要让凌乱的物品出现在书桌或其他家具上面。在家里为孩子打造一个可以让他们用来招待好朋友的空间，其实也是让他们对家产生好感的一个好方法。最重要的是，这还是一个可以让父母和孩子维持良好关系的好机会。

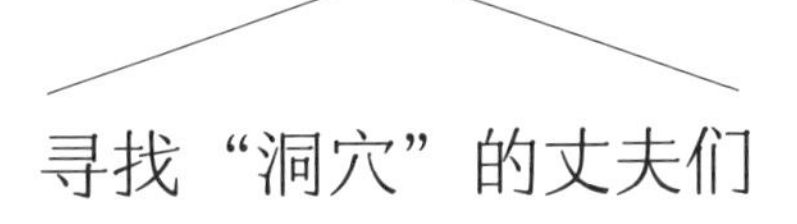

寻找“洞穴”的丈夫们

需要独立空间的男人

父亲肩负的家庭重担要大于想象，养家糊口的负担如影随形。不只是这个原因，大部分的父亲、丈夫在家里似乎都无法安心享受幸福。经常会听到一些丈夫说即使在家也会感到孤独，还有一些丈夫会开玩笑地说自己下班回到家，欢迎他们的只有宠物。其实他们这么说也并不是空穴来风。

曾经有一则广告描写的就是丈夫孤单的样子，孩子们什么事都找妈妈，即使看到爸爸也会视而不见。爸爸们在外面承受很多压力，如果回到家里不受家人的欢迎，甚至遭到家人的无视，这会让他们更加孤独。正是这种负担和孤独让丈夫们希望能够摆脱家人，拥有一个属于自己的空间，或者想找个洞穴钻进去，哪怕只是一会儿。从表面上看洞穴是指狭窄的空间，从心理角度来看，它代表的是想藏起来的地方。这个地方可以不受任何人的打扰，只能容下自己，就像是家里隐藏的一个洞穴。

在委托整理的女性客户中，有很多人都会说自己的丈夫希望能有一个独立的空间。与之相反，妻子在空间方面似乎都没有什么追求。但很多人会在家里为丈夫打造一个书房或者可以休息的空间。我仔细思考了一下，为什么有这么多的家庭会在家里打造专门属于丈夫的空间？明明妻子比丈夫在家的时间要多很多。

男生和女生从出生起就不一样，而且在大脑结构和心理层面上也存在很大的差异。因此，对于在家里感受的情感或关系方面的态度也不尽相同。妻子一般会把大部分精力放在子女身上，对他们的事情过度干涉。与妻子的情况截然相反，丈夫不想在家里显得很弱势，一直表现得都很节制和隐忍，所以表面看起来像是掌握一切，但实际上是在隐藏自己的情感，所有的事情都自己解决。也许正因如此，他们才特别需要一个属于自己的空间。当然，并不是

家庭办公室

可以不受任何人打扰的，能够独处的“洞穴”。

打造成书房的阳台

不是只有丈夫需要个人空间，妻子、子女都需要。房子不需要太大，也不需要有很多房间，只要能让家里每个人都拥有属于自己的空间，相互尊重，相互照顾就好。

所有的丈夫都是如此。也有一些丈夫喜欢和家人聊天，拥有更多和孩子们一起玩耍的时间。正如前面所说，具有浓厚独立倾向的男人喜欢在心理上拥有自己独处的时间。因此，如果打造一个即使不大，但却是只属于他们的空间，他们一定会露出真心的笑容。

丈夫们的空间不需要华丽的装饰，有时一把椅子足矣。如果还能拥有不错的家具，这毋庸置疑是好的。然而，即使电视很小，却还是有很多丈夫选择待在房间里看一整天。没有几个妻子会喜欢待在房间里不出来的丈夫，对于喜欢聊天的女生来说更是如此。但是出于对丈夫健康生活的考虑，如果他们需要，妻子从小事开始尝试也并不是什么坏事。

曾经在为一个客户进行整理的时候将她家的阳台改装成了家庭办公室。因为阳台非常大，所以能够再打造出一个房间。在改装过程中，这位客户的丈夫说："希望里面能有电视和沙发，如果能有洗漱台就更好了。"其实他这么说并不是因为他的家庭关系出现了问题，也没有特别的理由，只是单纯地希望能在家里拥有一个只属于自己的空间，一个可以独处的"洞穴"。

家里不是只有丈夫需要个人空间，妻子、子女也需要。房子不需要太大，也不需要有很多房间，只要能让家里每个人都拥有属于自己的空间，相互尊重，相互照顾就好。如果能将像仓库一样无法使用的房间整理出来，打造成丈夫的书房，衣帽间里只留需要的衣服，另一侧则打造成妻子可以享受业余生活的空间，那么所有的家庭成员都能因为拥有获得尊重的空间而保持更加健康的心态。

Chapter 3

◇◇◇

家的变化可以治愈心灵

◇◇◇

捡旧衣服给孩子穿的妈妈

想在布满灰尘的空间点燃美丽香薰蜡烛的少女

明明一个人吃不完，还是做了很多果酱的妈妈

梦想着能住进卧室的少年

罹患肺病也不曾停止运动的男人

渴望守护孩子的妈妈

衣服堆满了衣柜但还想买的女生

我究竟是怎么生活的

捡旧衣服
给孩子穿的妈妈

"如果你扔掉我的东西，
我就坚决不配合整理。"

那是一个极为炎热的夏天。像往常一样，为了去需要帮助的困难家庭做志愿服务而进行事前考察。服务对象的家位于首尔中心高层公寓对面的低矮住宅群中，这里没有高层建筑，给人一种这不是首尔，而是另外一个城市的错觉。虽然这里也有公路，由于都是弯曲且相似的小巷，因此在这里想要找到这户人家也不是件易事。这里正准备再开发，所以随处可见已经搬空的房子。这次要考察的是一对年轻夫妻和三个孩子组成的家庭。是什么原因导致他们年纪轻轻就在整理方面出现困难的？在考察之前就勾起了我极大的好奇心。

我们到达的地方是一个有足够停车空间的别墅式住宅。但是，本次考察的家庭却只是个 18 坪（约 $59m^2$）的小房子。这个居住空间对于五口之家来说并不算宽裕，一进玄关就发现，屋里被堆得已经连落脚的地方都没有了，根本无暇考察房子的大小。客厅里只有 1 坪（约 $3m^2$）的空间是空的。

堆在客厅里的物品非常危险，感觉马上就要掉下来了。其中两个房间好像已经很久没有使用了。服务对象是位年轻女性。在考察期间她似乎是刚从哪里赶回的，还拉着一辆装满物品的小车。了解之后才知道，原来车上拉的都是捡回来的东西，因为当时她正在从事倒卖这类物品的工作。但是，她家里堆积的这些物品大部分一看就知道无法再次使用了，而且数量已经多到影响他们正常生活的程度，所以很难把这些堆积物看成是他们维持生计的物品。这种状态可以视为此家庭没有属于自己的物品。他们只是用捡来的物品来维持生活，连孩子穿的衣服也都是捡回来的。

本次服务对象的邻居由于隔壁散发出来的恶臭味而寻求有关部门的帮助，这才有了此次的志愿服务。事前考察

感觉马上就要散落下来的堆积物

了解之后才知道，原来车上拉的物品都是捡回来的，因为当时她正在从事倒卖这类物品的工作。

像垃圾场般的别墅住宅停车场

单是将屋内的物品全部拿出来就花费了大半天的时间，需要清理掉的物品堆满了停车场。

那天，服务对象说如果扔掉这些东西，她就坚决不配合整理工作。她说这些东西都是可以再使用的，而且都属于她的家人。她的三个孩子都还没有到上学的年龄，孩子们的玩具堆得像小山一样。我当时最担心的事情是怕孩子们拿玩具的时候会被掉下来的其他玩具伤到。当时我和这位妻子说，直到她同意扔掉无用的物品，我们才会开始提供整理服务。就这样过了一个月的时间，在这期间她会有什么苦恼呢？会醒悟吗？在经历了一段纠结和矛盾的时间后，这位妻子终于同意扔掉物品进行整理。包括志愿者在内一共有 10 人参与了此次整理工作。单是将屋内的物品全部拿出来就花费了大半天的时间，需要清理的物品堆满了停车场。

事前考察那天只看到了妻子，正式工作那天，她的丈夫也来帮忙了。与妻子看到物品被清理掉时的不舍相反，丈夫却是非常急切地想把这些东西清理掉，并且，希望能尽快把这些物品清理干净的急迫心情与如果今天不弄完唯恐会出现变故的不安心情并存。正是因为这种希望与不安同时存在，所以导致他暂时失去思考。每次要扔东西的时候，丈夫都会征求妻子的允许。他这种看妻子脸色行事的状态，与在我们面前展现出来想扔掉这些东西的态度完全不同。而且，他似乎非常清楚妻子的这种状态属于心理疾病，所以不想伤妻子的心。经过大半天的努力终于把客厅里所有的东西都清空了，这时终于看到了位于厨房旁边通向阳台的门，打开门就能看见地板，那种害怕堆积物会随时倒塌的不安才消失。每当清理掉一件物品表情就会僵硬一分的妻子，看到清理后的房子也露出了并不排斥的表情。当然，最高兴的要数她的丈夫和邻居们了。

囤积大量无用之物，对丢弃物品感到极度不安的妻子正是一位囤积强迫症患者。囤积强迫症是由多种心理冲突或阴影导致的，如果不经过深层的心理探究是很难找到真正原因的。仅从对物品有着不太正常的执着来看，可能发生过无法和我们共享的家庭事件。堆满物品的客厅整理出来之后，夫妻俩的结婚照映入我们的眼帘。照片中俊男靓女的美好样貌与现在两人的表情和氛围截然不同。在并不算长的时间里，这位妻子身上究竟发生了什么事呢？我对她生出了些许疑惑。这位妻子在婚前也喜欢攒垃圾？还是婚后有一天突然开始的呢？

女性婚前婚后的生活截然不同。以爱为由，怀揣期望步入婚姻生活。然而，真正开始婚姻生活之后会发现自己需要经历很多之前没有遇到过的情况，感觉需要重新学习如何生活。此外，还要经历终生难忘的孕育历程。对于女性来说，结婚这幅全新画卷可以给她们带来喜悦与幸福，但有时也会让她们陷入丢失自我的缺失感和抑郁感中。如果妻子从步入婚姻这个围城开始就感到无法摆脱的悲伤，那么她肯定会去寻找出口来替代这种束缚，因此很容易会对垃圾般的物品产生执念，也会给自己深爱的子女穿捡来的衣服。而且，孩子们会将这种行为视为母爱的表现，还会将之当成一种心理安慰。

“这些东西对孩子们来说有可能是凶器（容易掉落下来砸到孩子），所以我们一起清理掉它们吧！为孩子们营造一个可以安全快乐玩耍的空间。”

这位妻子听我这么说才开始同意清理物品。每个妈妈都希望给子女最好的。没有妈妈会想给孩子们穿有味道的衣服。然而，这位妻子却每天早上都让孩子们穿上捡来的衣服，背上捡来的书包，头上还会戴上给她们捡来的发卡，去上幼儿园。

对于这位妻子来说，捡来的物品并不是垃圾，而是支撑她生活、满怀爱意的存在，我们需要理解囤积狂的这种心理。对于我们来说是垃圾的东西，对于他们来说则可能是与所爱之人一起分享的宝物。所以我们一定要理解他们这种不仅无法丢弃，反而想通过积攒更多的物品来填补内心的行为。千万不要使用极端的方法，不顾她们的感受一下子把物品全部清空。可以循循善诱，告诉她们通过清理可以探寻到珍贵的东西。家人和邻居要多理解，多照顾他们，让他们能够把这些堆积起来的物品逐一清空。

正是因为妈妈的爱，才会给孩子们穿捡来的衣服；正是因为妈妈的爱，为了能给孩子们创造一个安全舒适的空间，我们才能完成整理工作。因此，我们一定要了解囤积狂的心理。

想在布满灰尘的空间
点燃美丽香薰蜡烛的少女

希望香薰蜡烛的香气
能够掩盖灰尘的味道

有很多原因导致家里只有女性成员，如母亲独自抚养女儿的单亲家庭；独立之后和姐妹一起生活的姐妹之家；和朋友一起共享空间的闺蜜之家等。

本次志愿服务对象是由女性委托人、年迈的母亲和她的侄女组成的家庭。年迈的母亲患有阿尔茨海默病，侄女是从外地来首尔生活的二十多岁的年轻人，委托人是未婚女性，独自照顾患有老年痴呆的母亲和年轻的侄女。

进行整理的那天早上，我们如往常一样各自准备着。每位志愿者都按照自己需要提供的服务类型提前安排自己的时间。然而，那天从一开始就不顺利。服务对象把我们当成了不速之客，不让我们进屋，表情也不甚愉快。她最终能够接受整理是由于周围人的劝说和请求，也是由于在整理方面确实存在困难。一边照顾患有老年痴呆的母亲，一边整理房子势必不是件易事。也许对于当事人来说，之前那种看到什么就用的状态是最适合的模式。

虽然在邻居们的劝说下答应接受整理服务，但当一群陌生人来到家里为自己整理物品，自己的素颜和平时居家的状态也暴露在陌生人面前，这对于任何人来说都不是一件令人舒服的事情。可我们还是竭尽全力对服务对象进行劝说。首先表达了非常理解她会感到不适的心情，并对因开工前的准备而造成的混乱进行了诚挚的道歉。此外还再次强调我们只是来相互分享各自截然不同的生活，帮助她慢慢敞开心扉而已。经过再三的劝说，服务对象终于打开心结让我们进了屋，于是我们就按照既定分工开始整理。在工作接近尾声的时候，看到服务对象露出灿烂的笑容，拿着吸尘器打扫家里每一个角落的释怀模样，我们感到巨大的满足。

对于任何人来说，把自己羞于见人的一面展现出来绝对不是件愉快的事情。何况家里还如此脏乱，把类似垃

按照能被看到的方式堆积起来的行李

一边照顾患有老年痴呆的母亲，一边整理房子势必不是件易事。

圾场似的家展现在别人面前，就像是把赤裸的自己展现在外人面前一样会令人难堪，所以有时会摆出拒绝的防御姿态。有时也会谈谈过去的人生，告诉我们之前无法进行整理的真正原因。但是，对于整理师来说，无论我们看到什么状态的房子，都不会责怪或者评价房主。其中一个理由是，很多整理师正是因为在整理方面存在困扰才开始学习整理，最后成为整理师的；还有一个理由是，因为去过很多家庭提供整理服务，所以无论见到多脏多乱的房子，都不会大惊小怪。这也许是房主为了生活而奔波导致无暇顾及，他们对我们摆出防御姿态也许只是因为不好意思让我们看到家里的状态。

服务对象和她母亲的物品由两个人商量着慢慢清理。但是那天侄女不在家。因为当事人不在，所以由我进入侄女的房间进行整理。通过物品可以看出屋主现在的生活状态，有时还能了解到她们的喜好。在整理衣服的时候发现了漂亮的芭蕾练习服和鞋子，由此推断侄女是舞蹈专业的大学生。漂亮的衣服特别多，但奇怪的是她把自己的鞋子全都拿到房间里摆放着。也许是因为鞋柜的收纳空间不够吧。如果还有其他理由，那也许是因为虽然住在一起，但还是梦想着能有一个属于自己的独立空间，所以才给自己打造了一个属于自己的家。

被拿到屋内的鞋子与衣服乱七八糟地堆在一起，落满了灰尘。作为女大学生的房间，状态看起来是真的非常糟糕，连落脚的地方都没有。我也有女儿，所以我就像在给自己的女儿整理房间一样，先把灰尘擦掉，然后把已经损坏的衣服挑出来，再把可以穿的衣服叠得整整齐齐。原本堆放在桌子上的化妆品被我收在了抽屉里。

在满是灰尘的房间一角，我发现了漂亮的香薰蜡烛。这个香薰蜡烛只燃烧了一点儿。在如此杂乱无章，满是灰尘，连落脚的地方都没有的空间里点香薰蜡烛！这意味着什么呢？对于喜欢把一切都布置得漂漂亮亮的少女来说，这里对于她究竟是一个怎样的空间呢？

我们每个人都在追求美丽的事物，梦想着能拥有美丽的空间，女生更是如此。然而，梦想实现起来并不是件易事。但并不会因为实现起来困难，追求梦想的本能就会消失。就像总有一天会点燃的香薰蜡烛一样，梦想一直都潜藏在我们的心中，所以她才会弄一些香薰蜡烛来点亮，想象着自己的房间变成美丽的空间，在香薰蜡烛被点燃的那一刻，周围都会跟着变漂亮，也许蜡烛散发出来的香气能

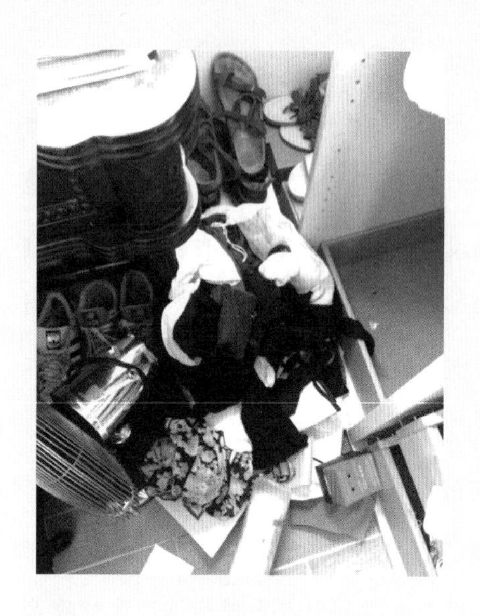

堆积在房间里的鞋子

被拿到屋内的鞋子与衣服乱七八糟地堆在一起，落满了灰尘。作为女大学生的房间，状态看起来是真的非常糟糕，连落脚的地方都没有。

够掩盖灰尘的味道。

在结束了所有整理工作之后，房间里流动着新鲜的空气。灰尘被一并扫除，内心也像这些灰尘一样被清理了一番，感受到了清新的气息，在如此干净整洁的空间里甚至想摆上一朵很小的花。这就是通过整理而获得的治愈感觉。

我把香薰蜡烛和一些小物件放在了整理好的梳妆台旁边。摆放好之后，从房间里出来，我在心中留下了一份期望。希望这位喜欢舞蹈的女孩今后能在干净整洁的空间里一边听着喜欢的音乐，一边点燃好闻的香薰蜡烛，把房间打理成满是香气的空间。

整理好的小物品空间

现在可以一边听着喜欢的音乐，一边点燃香薰蜡烛，把房间打理成充满香气的空间。

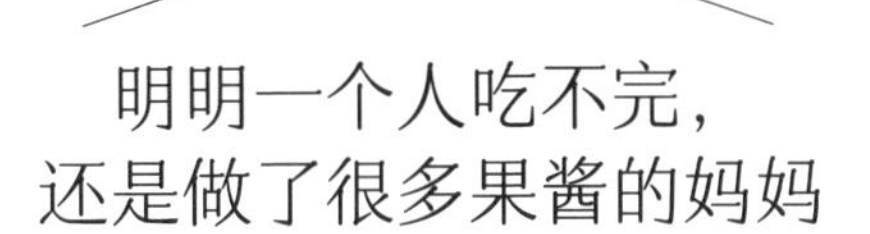

明明一个人吃不完，还是做了很多果酱的妈妈

与人沟通、传递心意的礼物

“因为是长时间独居，所以东西可能比较多……先去看一下吧。”

已经有一段时间不做整理师的老师给我打来了委托电话。对方想委托整理房子，但又无法承担费用，所以才让老师给我打电话。

客户询问费用问题一方面是为了提前做好准备，另一方面其实也有对让陌生人来家里进行整理的犹豫。在成为整理师之前，我对花钱让别人来家里进行整理这件事也是无法理解的。整理工作的费用很难用面积来进行估算。

根据实际需要整理物品数量，空间重组的难易程度会存在很大差异。虽然提前知道了本次客户的房子面积，但因为没有看到实际情况，所以无法准确估算出具体价格。之前和客户通了电话，对方的声音非常好听，沉稳、温柔，真正见面之后发现她的长相也如声音一般甜美，而且还是一位追求时尚的母亲。刚坐下她就给我拿饮品和吃的东西，我觉得很不好意思，但又无法拒绝，于是我边吃边开始考察。

这位母亲用了一个多小时的时间和我讲述了她的故事。丈夫离世后她独自抚养儿子，目前儿子在遥远的异国他乡，她已经孤身一人在这个房子里生活了二十多年。13坪（约 $43m^2$）的房子被生活用品堆得满满当当，阳台的窗户被堆积的物品挡住，已经很难打开了。我们商量的结果是，把两个房间的其中一间完全清空，让所有房间都能正常使用，阳台的窗户可以自由开关。为了达到效果，需要支付的费用并不少。她家虽然面积不大，但却像聚宝盆一样，东西源源不断地出现，就算几个人一起来整理，也很难在一天之内完成。由于费用比预期的要高很多，这位母亲无法立刻做决定，所以整理工作只能无限期地延迟了。

我把经营整理咨询公司的一部分收益用于为困难家庭

堆满阳台的物品全景

堆满了无法确认制造日期的果酱、酱油、大酱等发酵食品。

提供经济资助和免费整理服务。有些家庭通过多种渠道享受到了免费整理服务，它们一般都是在经济和身心上遭受苦难的家庭。在与这位客户结束商谈之后，我们决定为其提供免费志愿服务。虽然是这位顾客先提出的整理请求，但考虑到一方面她是位没有支付能力的独居老人，另一方面她的身体也不好，生活各方面都存在困难。

为这位独居母亲提供免费志愿服务的那天下起了毛毛雨。庆幸的是，当我们把物品移到室外时天晴了。把堆在阳台上的物品逐一挪出来的过程中，我终于知道了这些是什么。原来都是一些用水果腌制的果酱，还有酱油、大酱等发酵食品。清空阳台之后还发现了一个锅炉室，令我们惊讶的是，这里存放了比阳台上还要多的发酵食品。也不知道阳台门是从何时被堵得打不开的，可想而知这些发酵食品肯定无法食用了。这里存放果酱和其他发酵食品的瓶子有数十个。

由于装有发酵食品的瓶子数量远远超出了这个狭小空间可承受的容积，而且无法确定这些食物的制作时间以及有效期，因此，安全起见，我们试图劝说这位母亲扔掉这些瓶瓶罐罐。但是，这位母亲却无法放弃这些她一个人压根就吃不完的食物。最后协商的结果是，她同意舍弃一小部分，而我们则需要为她开发出一些新空间来存放这些瓶子。

这位母亲为什么执着地存放如此之多的食物呢？进行整理工作的那天早上，她悄悄地把我叫到旁边，给了我两瓶果酱，因为不能和其他物品混在一起，所以先放在了车里。其实，事前考察的那天她也想给我些什么，而且在整理过程中一直在说这些发酵食品可以分给周围的邻居们。对于这位母亲来说，这些果酱和发酵食品不单单是食物这么简单，还是她与别人进行沟通、传达情意的礼物，是随时都可以送给别人的、珍贵的、能让她感到安心的象征，即使这些存货无法全部分完。如果强制要求她将这些东西都扔掉，对于一个独居老人来说，无异于夺走了她孤独生活中唯一与他人维系关系、互通情感的媒介。

如何安置好这些发酵食品一直困扰着我。锅炉室的空间还算可以，而且有窗户，通风较好，所以决定在那里放一个小的酱缸台。我们用这位母亲家里的闲置家具制成了一个架子，把坛子和装有果酱的瓶子挨个摆上去。

随着整理工作全部结束，厨房变得干净整洁，而且还打造出了一个可以当成仓库来使用的新空间。最令这位妈

属于妈妈的私人酱缸台

利用家里的家具制成了一个架子，把坛子和装有果酱的瓶子挨个摆上去。

妈开心、喜欢的地方是那个小酱缸台。一看到这个酱缸台她就放声大笑，以此来表达她的欢喜之情。她笑不是因为家里变得干净整洁了，而是以后她可以更加积极地与别人沟通，分享情感了。这位母亲肯定还会继续囤积大量吃不完的果酱，希望她能永远以健康的心态与邻居们维系良好的关系。

梦想着能住进卧室的少年

"要是有张床就好了，我想睡在床上。"

如果身体行动不便，那么整理就会成为一件非常困难的事情。之前通过一个残疾人服务中心，为行动不便的残疾人家庭提供过志愿整理服务。虽然做过很多次类似的志愿活动，但有个家庭令我印象深刻。因为这个家庭不止有一位残障人士，除了一个子女被判定为正常外，其他四位家庭成员全被判定为存在智力发育障碍。因此，沟通和考察的准备过程都是在社会福利师的协助下进行的。这次志愿活动还有一点尤为特别，那就是与提供心理咨询的部门一起进行，最终变成房屋整理与心理咨询相结合的志愿服务。

事前考察是和社会福利师一起去的。只有上小学的十岁男孩、孩子妈妈和奶奶在家，姐姐由于被诊断为重度残疾，所以正在接受相关部门的治疗，孩子的爸爸因为工作原因很少在家。在沟通的过程中一家人都非常期待最后的结果。这个家从外表来看虽然还算整洁，而且东西也不多，但长期居住在家的三个人却没能利用好空间，所有的生活起居都在一个房间里完成，着实令人惋惜。因为和他们说过我们是来提供志愿服务的，所以孩子奶奶一直都在要求换壁纸、大扫除。因此，壁纸问题决定寻求社会福利师的帮助。此外，其中一次针对每位家庭成员的心理咨询令我印象深刻。当问到他们各自最想拥有的空间或物品是什么时，十岁男孩毫不犹豫地回答道："有床的房间，我想睡在床上。"

孩子妈妈虽然有点口齿不清，但也清楚表达了希望拥有一台能为孩子热饭的微波炉。虽然担心是否还能放下一张床，但我还是答应孩子："好的，一定给你打造一个有床的房间。"

结束考察后，眼前总是隐约出现那个一开门就映入眼帘的 2 坪（约 $7m^2$）的房间。该放一张什么床呢？怎么放进去？

侵占个人空间的各种生活用品

长期居住在家的三个人没能利用好空间，所有的生活起居都在一个房间里完成，着实令人惋惜。

由于这两个问题一直困扰着我，因此，当我找到尺寸刚好合适的床时，感觉就像完成了一幅拼图般喜悦。一边默默祈祷这张床能顺利搬进屋内，一边订购了可以配送到整理现场的床。在正式整理那天，之前没能见上面的孩子爸爸也出现在了家里。孩子爸爸看起来要比家里其他人更欢迎我们到来，一看到他就能感受到希望把所有东西都清理掉的决心，以及要协助我们完成整理工作的强烈意愿。孩子爸爸没有重度残疾，可以进行正常沟通。我们和孩子爸爸顺利地完成了物品的挑选，之后按照各自的分工开始整理。但是，当需要移动家具，打开衣柜清空衣服，把物品拿出来的时候，志愿者们好几次都被吓得停止了手中的工作。由于房子各个角落都有蟑螂，所以根本无法继续整理，也没有办法再把它们原封不动地放回去。

孩子爸爸非常清楚这种情况，所以极为迅速地将这些东西装进袋子，并说一定会扔掉，同时也积极配合我们清理物品。每当搬出来一个家具，他都会先去确认是否还有更多的蟑螂，然后快速清空里面的物品。结果收拾出来的物品数量让人难以想象得多。因为蟑螂已经在衣柜里产卵，贴身衣物自不必说，所有衣物已经不能再穿了，都必须放弃。由于急需进行防疫处理，因此打算结束整理后，通过社会福利师来取得防疫和重新粉刷墙面的支援。

在一个小房间里放置了很多长时间都不会碰触的包裹，这十分占空间，而且还放满了没有特别用处的家具，所以我决定把这个小房间打造成孩子的房间。为了实现孩子“有床的卧室”梦想，在清空了不需要的家具和物品后，仔细对房间进行了打扫，然后开始组装床。希望这张床能顺利安放进这个小房间里。

床的尺寸刚刚好，大家别提多开心了。为了有效利用空间，我选择的是双层书桌床，下面是一张可以让孩子安心学习，放飞梦想的书桌。我还在床上挂上了一圈四色的小装饰灯，希望孩子能拥有梦想，健康生活。

看到改造好的房间，孩子惊讶地瞪大了双眼，反复向我确认这真是他的房间吗，然后快速地爬上床躺了下来，这才放心地、开心地大笑起来。所有人都露出了幸福、开心的笑容，这间有床的房间其实也是为了孩子的梦想而重新打造的。

孩子妈妈期盼的微波炉放在了厨房。我们事前就孩子的事情进行了讨论：为了这个生活在残障家庭中的孩子，

放置在小房间里的物品

为了给孩子打造一个梦想中有床的卧室，把这些物品清空后进行了彻底的大扫除。

有效利用空间的双层书桌床

在床上挂上了一圈四色的小装饰灯，希望孩子能拥有梦想，健康生活。

需要对他进行心理咨询，但是在交流和整理的过程中发现，孩子妈妈的忧郁感非常强烈，因此决定为孩子的父母一起进行心理咨询。

据说夫妻俩每周都会手牵手去接受心理咨询。后来听说孩子妈妈是因为空间问题，和丈夫在一起的时间越来越少，进而才出现抑郁的状况。现在，这对夫妻一起去接受心理咨询，希望对她能起到治愈效果。在这个家庭整理工作的一天，不仅为夫妻俩提供了恢复关系的机会，同时也实现了一个孩子的梦想。仅凭这一点，我们将永远铭记为这个家庭提供整理服务的经历。

罹患肺病也不曾停止运动的男人

"身体不舒服，也不应该停止运动。"

生活中，我们一般会担心两件事，一个是钱，另一个是健康。其中健康问题是我们无法预测的，失去健康会给我们带来巨大的痛苦，也会让人产生想要放弃已拥有的物品的失落感。因此人们常说"失去健康就等于失去一切"。

这次委托整理的客户是个独居家庭。虽然客户是一位中年独居男性，但房子却不算小，有 21 坪（约 $69m^2$）。该客户是居家办公，所以三餐都是在家里解决，厨房和其他地方的东西虽然很多，但还没有到需要进行委托整理的程度。

但这位客户罹患了肺部疾病，为了过上更加健康的生活，所以进行委托整理。他似乎已经很长时间没有外出了，整天在家里工作的同时还在进行健康管理。家里还有氧气瓶，应该是出现呼吸困难时使用的。此外，他还特别嘱咐我一定要保管好他的大批食物，因为他要用这些健康食品和食材做早饭吃。

然而令人诧异的是，他明明是一个存在健康问题，生活也并不方便的人，但客厅里最占空间的物品竟然是运动器械。这些器械看起来都是消耗大量体能的，如哑铃、杠铃等，也许这些都是他在身体状态比较好的时候使用的吧。如果客户是病人，那么在空间打造方面需要花更多的心思。因此要尽量把生活日常用品都放在他的工作室，并且最大限度地缩短动线。此外，由于这些不用的运动器械被放在客厅中央，导致进出客厅的时候非常不方便，而且还堵塞了去阳台的路，所以想和他商量一下是否可以把这些运动器械清理掉，或者挪到房间的里侧，结果他的回答令我意外。“虽然现在我的身体不好，但也不该停止运动。所以，请把这些器械放在客厅最显眼的地方。”

本应该问一下他是否可以继续运动，由于他的意志非常坚定，所以就没有再问。如他所愿，我把这些运动器械

散放在客厅的运动器械

明明是一个存在健康问题，生活也并不方便的人，但客厅里最占空间的物品竟然是运动器械。

放在了客厅中央，但位置稍有调整，放在了不挡路，也不影响客厅使用的位置上。

整理结束后，最让这位客户满意的就是换了位置的运动器械。虽然如此，但直到从他家出来我都没有再提起这些运动器械的事。其实，我真的很想问一下他是否可以继续运动，当他非常坚定地让我把运动器械放好时，我就已经体会到了他因为失去健康而产生的缺失感和希望重获健康的坚定意志。

其实，客户是否每天都能做运动对我来说并不重要，重要的是我不希望他把这些非常珍视的器械清理掉，我希望这些器械是充满希望的象征，而不是绝望。

大部分人都因不了解物品所带来的意义而忽视它们，而且总是梦想着今后自己会有变化，所以经常不舍得丢弃物品。女生们基本都会记住自己能穿下 55 码（相当于 S 码）衣服的时候，因此，即使现在已经变成穿 77 码（相当于 L 码）的身材了，也不想扔掉 55 码的连衣裙，总是幻想着有一天还会恢复到原来的样子，也许那些衣服里面包含着无法忘记的时光。清空物品虽然属于找回物理空间的过程，但同时也是让那些饱含心意的物品恢复到更好状

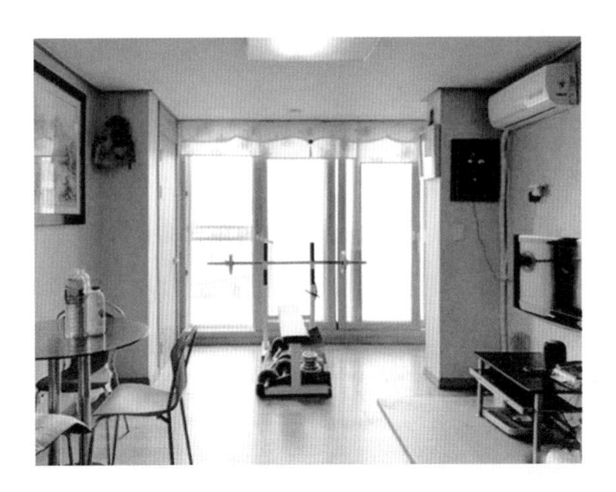

重新安置的运动器械

“请把它们放在客厅最显眼的位置。”

态的过程。如果保留物品的意义成了空想，那么就果断地丢弃它们，尽快适应新环境，这样更有治愈效果。但是，如果物品之于自己的意义像上面提到的这个客户一样，能够为自己提供动力，那么最好把它放在最宝贵的空间里，让自己每天都能看得见、摸得着。其实，我们所拥有的物品可以反映出我们的生活和内心。

渴望守护孩子的妈妈

"如果可以和孩子经常在一起的时间再多一些就好了。"

漫漫人生，总会迎来需要做出重大决定的瞬间。比如成为单身妈妈，即未婚妈妈。能够做出如此重大的决定需要极大的勇气，而且这也是最孤独的一种选择。

未婚妈妈决定生育孩子，需要提前做好包揽三件事的心理准备，即育儿、生计、家务。但是，当成为妈妈的那一瞬间，与这三件事的辛苦相比，守护自己的孩子更为重要。

去年有一个委托整理的家庭，孩子妈妈在我们公司经营的环保商店给孩子买衣服的时候，得知这个商店是整理公司开的，所以就找来了，想委托我们帮助整理。在沟通的过程中了解到，她是一位独自抚养孩子的未婚妈妈。由于经济并不是很宽裕，正在接受社会支援，自己去工作的时候会由志愿者来帮忙照顾孩子。这个整理工作看起来迫在眉睫。咨询结束时她也表达了因为打算马上搬家，需要再考虑一下，但无论是现在还是搬家以后，整理的费用对于她来说都很难承担，只能以这次无果的咨询而告终。我和公司的同事们经过商量，最后决定以提供志愿服务的方式为她提供整理服务，并且在她搬家之后再次拜访了她的新家。

我们先了解了一下她们现在这个住所的构造，以及她们所需要的空间。这是一个有两个房间的住宅，但由于建成的时间比较久远，所以外表看起来并不美观，而且结构方面也不理想，很难有效利用空间。四岁孩子和妈妈在一起的时间非常多，一起玩耍、睡觉、用餐、看书。因此，本次任务需要先为母女俩重新划分空间后再进行整理。

这个房子的厨房面积不大，只能放一个冰箱，连餐桌都放不下。但我还是想为这对母女打造一个可以面对面坐下来吃饭的空间。我希望这个空间不仅可以让她们一起用餐，还可以实现一起看书等多种功能。这个空间最后被设置在客厅，而不是厨房。由于客厅上方的灯光太刺眼，所以将盖着塑料布的日光灯换成了漂亮的餐桌灯。如此一来，她们就不需要再搬着小桌子到处找吃饭的地方了。这个改变孩子妈妈非常喜欢，孩子看起来也非常开心。

我还想把一进屋就能看到的高大书架挪走。因为孩子还小，矮书架更适合她，既安全又便利，还可以让孩子自己拿取书本。最后决定把棚顶一样高的书架挪到旁边，位置的改变可以让客厅变得宽敞一些。但是孩子妈妈却说她有一个顾虑——之所以把书架放在那个位置是想遮挡房东挂在墙上的镜子。因为她听说从风水的角度考虑，那个位置最好不要放置镜子。听完后，我对面露担忧的孩子妈妈说："在使用空间时最重要的是能让使用者感到方便和幸福，把书架挪走后露出大镜子也没什么不好，反而会成为孩子娱乐的空间，孩子可以对着镜子唱歌、跳舞，开心玩耍，所以无须担心。"

说服了孩子妈妈便开始挪书架，果然，书架后面露出了一面大镜子。之后在客厅一角放了张餐桌，安上了暖光灯。庆幸的是，当整理全部结束，孩子回来看到整理好的房子，最喜欢的就是这面大镜子。正如我说的，她对着镜

为了遮挡墙面上的镜子而摆满书的高大书架

露出的大镜子反而会成为孩子的娱乐空间，孩子可以对着镜子唱歌、跳舞，开心玩耍。

子又唱又跳，玩得不亦乐乎。

所谓整理并不是单纯地把物品清空，更为重要的是它可以带来一种仪式感。将物品整理好之后露出被隐藏起来的空间，新空间可以成为我们居家办公的场所，成为享受生活乐趣的地方，有时也可以成为玩耍的空间。探寻生活所需空间的动力来自整理。因此，不能将整理单纯地认为是将物品摆放整齐。通过整理，这个家庭的妈妈和孩子得到了可以面对面坐下来用餐的空间，孩子得到了可以对着镜子唱歌跳舞，让自己更加自信的玩耍空间。对于这对母女来说，整理就是以母亲为名，为守护孩子的空间锦上添花，也是送给这对母女最特别的礼物。

为只属于母女俩的相处时间而打造的咖啡厅般的空间

希望在漂亮的餐桌灯下面，母女俩不仅可以用餐，还可以一起阅读。

衣服堆满了衣柜
但还想买的女生

"即使不穿也要买。"

在进行委托整理时，一般都是先通过电话进行第一次沟通，然后双方约定好时间到现场考察，确定价格。但如果不方便进行现场考察确定价格的话，也可以通过照片或者视频的方式进行确定。

因为此次想委托整理衣物的客户不方便现场定价，所以要求通过照片来确定价格。用照片来定价的时候，需要将衣柜或者家具的门全部打开，以确定物品的数量，还需要看到房间的大小及所有的家具，以便按需求安排服务人员及准备所需工具。顾客发过来的照片是主卧的衣柜以及单独使用的衣帽间，衣服看起来真不少。看过照片后特意问了一下她是否还有其他衣物，她肯定地回答说照片里的就是全部。然而，当我和整理师们一起到达现场的时候发现，照片里看到的只是冰山一角，在房间里侧还隐藏着一个小衣柜。结果实际衣物的数量要比照片里的至少多出2倍。

大部分客户拍的照片基本都无法用来定价。因此我们在安排工作人员和工具的时候也都会把这点考虑进去。但不管这次是客户故意为之，还是判断失误，总之最重要的是能按计划完成今天的整理工作。因此，我又增加了一位整理师，大家一起风风火火地开始投入工作。和其他物品一样，衣服也需要先分出能穿的和不能穿的。所有事项都和客户一起商量，最终决定将有破损的和不能穿的衣服全部清理掉，经常穿的衣服或者需要存放的衣服按季节和种类进行分类整理。虽然很可惜，但还是决定把那些穿不了的衣服邮寄给捐赠机构。然而，这位顾客的衣服源源不断地出现，都已经过了大半天，还是没有整理完。其中有很多衣服都没有拆封，还有很多衣服是同款不同色，因此在选择时花费了很长时间。她丈夫的衣服根本看不见在哪里，只整理她的衣服估计都得持续到晚上。

从这位客户一个人的房间里就收拾出了大量的衣物。一部分捐赠给了环保商店，这些捐赠的衣服需要用好几辆车运送。在整理的过程中，她竟然还要求我们帮忙收拾出来一个可以放新衣服的空间。我笑着问她："没穿过的新衣服还有很多，真的还要再买新的吗？"她肯定地说："就算不穿，买衣服时也会有很多的乐趣，看到这些衣服时就会感到快乐，所以肯定不会停止购买的。"

衣服之于我们是怎样的存在？作为女生，都非常喜欢新衣服，享受衣服所带来的审美上的愉悦，即使已经有很多衣服了，还是会继续购买。我们可以认为她们这样做并不仅仅是为了穿。

我们每个人穿衣服的目的都不同。有的人只是把衣服当成是遮丑的工具，有的人只是根据天气的变化选择穿衣保暖（虽然这样想的人并不多），而有的人则把衣服当成装饰品，将衣服作为展示个性的方式，我认为有这种想法的人更多。

这样看来，衣服意味着可以体现一个人的外表、社会状态以及心理状态。因此，作为展现自我的方式，能够体现自己品位、职业、喜好即可。但如果大量的衣服可以带来心理上的满足感，那么继续购入就很正常。如果为了

塞满衣柜的衣服

衣服的主人肯定地说："就算不穿，买衣服时也会有很多的乐趣，看到这些衣服时就会感到快乐，所以肯定不会停止购买的。"

内心的满足需要不断地购入新衣服，那么就需要确定好空间的大小和结构，以便能装下这些衣服。如果家里都塞满了衣服，生活是很难继续的，我们需要向其他方面转移视线。其实我们有足够的能力用其他方式来让内心得到满足，需要正视这些堆积成山的衣服。看着它们，我们可以问一下自己，这些对自己来说究竟意味着什么，就一定会获得答案的。

客户的衣柜空出来很多空间。之前堆在一起无法选择的衣服按照种类整齐地摆放在了衣柜里，免去了选衣服时的困难，同时还创造了每件衣服都可以穿一穿的机会。当然，通过再次购入来获取满足感的习惯是无法轻易改变的，但至少减少了之前由于衣服都堆在一起而导致找不到的情况，再也不用因为看到衣柜里那些穿不了的衣服而感到郁闷了，我认为这一点也是另外一种获取满足感的方法。当不再通过填满的方式，有时还可以用清空的方式来满足自己的感官时，女生原本塞得满满当当的衣柜也会随之消失。

我究竟是怎么生活的

“没想到我竟然在这么小的屋子里居住。”

最近，很多人都把房子当成财产，而不是生活的场所。我们经常看到有些人把住上越来越大的房子作为人生目标。

反之，当经济出现困境，需要搬到比现在的房子还要小的地方时，挫败感会油然而生。

本次委托咨询的家庭是由一对母女组成的。房子的大小正好适合两个人居住，但是家具的大小和物品数量看起来已经远远超过了房子的容纳能力。与房子大小相比，家具都非常大，占了很多空间。由于存在过多与生活无关的物品，所以需要重新摆放家具，同时还需要清理掉一些物品。母女俩都说，虽然打算马上搬家了，但希望能够以全新的心态搬入新家。为了能用简单的生活用品布置新家，首先应该做的就是清理搬家前的物品，否则搬家后需要花费很多时间去整理行李，消耗的能量也会非常大，所以最近很多打算搬家的客户都选择了整理服务。就像搬家可以委托专业的搬家公司一样，整理也可以寻求专业的整理师来帮助。

搬家前，母女俩在第一轮清理过程中着实收拾出来不少的物品。光是清理女儿小时候的物品和妈妈十分珍惜的生活用品就花了足足一天的时间。这位妈妈每看到一件物品，似乎都会回忆起来什么，然后深深地叹了一口气说道：

“我在买这些东西的时候没想到家里空间会这么小，没想到会在这么狭小的房子里生活。”

这位母亲多次强调东西这么多是因为房子小。如果搬到更大一点的房子肯定会把这些都带着，可是她们要搬去的是比现在更小的房子，所以没有办法，只能清理掉，这令她相当不舒服。但实际上，收拾出来的这些需要清理掉的物品和房子的大小没有关系，因为大部分都是没有什么

含有多种意义的物品

这些物品也许有一天会再派上用场，或者从更好的地方被拿出来，所以一直都留着，没有扔掉。

用处的陈年旧物。比如，还留着女儿小学时穿的衣服。这些并不是也许有一天房子变大了可以再拿出来使用的物品，只能让她的内心还停留在过去住大房子的时候。不同的物品中虽然包含了不同的意义、美好的回忆、悲伤的记忆等，但有很多都是对过去的留恋，总想着"如果回到当时的话……"，认为自己所迷恋的这些物品也许有一天会再次派上用场，或者从更好的地方被拿出来，所以一直都留着。这些无法返回的过去和对过去物品的眷恋并不能让现在和未来的空间更殷实。因为在自己所处的空间里，我们可以感受到的幸福瞬间与房子的大小没有任何关系，这主要取决于和谁在一起度过怎样的时光。

母亲和女儿在整理物品时都让对方扔掉各自保留的物品。两个人互相责备着，由于想法不同，所以她们都很惊讶这段时间对方是怎么生活的。在女儿看来，妈妈舍不得扔掉自己小时候的衣服的行为非常土气，自己不想再想起当时穿这些衣服的日子。同一件物品对于她们来说代表的意义完全不同，所以这类物品不可能是让她们变得幸福的媒介。既然如此，扔掉就是最合适的选择。只留下母女二人都喜欢的，让她俩在新的空间里做好迎接未来的准备，这就是搬家。不是单纯地换个房子住，只关注房子的大小，而是如果在这段时间内由于一些不需要的物品霸占了空间，夺走了正能量，那就果断地把这些东西全部清空，然后在新的空间里开启新的征程。家里只放必要的、有价值的物品，为探寻比现在更加幸福的时光而做好搬家的准备。希望大家能把“我以前究竟是怎么生活的”这种疑惑随着被清空的物品一起清理掉。

Chapter 4

◇◇◇

致还在犹豫是否要进行整理的你

◇◇◇

在四十岁的时候开始整理吧

为了成功地迈出整理的第一步，新婚生活很重要

划分好父母和孩子之间的界限

为初入社会的青年们准备的时间、空间管理法

致还在犹豫是否要进行整理的你

在四十岁的时候开始整理吧

现在韩国已经步入老龄化社会，老年人口数量已经超过全国人口的 14%。

百岁时代已成现实，如何让自己过好退休后的生活，让自己的后半生过得幸福，已经成为每个人需要认真思考的问题。过去都说婚姻生活的开始预示着人生第二幕的开启，但是随着老龄社会的到来，人生的第二幕已经始于中年阶段了。

为了人生的第二幕我们需要提前准备些什么呢？健康安稳地生活，在经济上不需要依赖子女这两点是最重要的吗？诚然，为了幸福的老年生活，健康和金钱确实很重要，但与此同时对于死亡的准备也同样重要。虽然一提到死亡我们都会倍感压力，但为自己的死亡做好准备不一定是件沉重的事情。

为自己的死亡做准备，开始整理出想留给家人的财产和物品，这也是为了拥有幸福的晚年生活而必须要做的事。老年生活一定要比之前更加轻松，千万不要因为需要整理堆满家里的物品而消耗自己宝贵的能量，拥有一个整洁的环境非常重要，随时都可以轻装上阵，来一次说走就走的旅行。此外，整理之前积攒下来的复杂、不必要的人际关系也同样重要。

那么，什么时候开始整理比较好呢？我建议从四十岁开始。步入老年之后，身体和精神方面都会变差。这时的整理不是去整理需要留给家人的遗产或者身边的人际关系，而是单纯地为了自己。面对承载着过去岁月的物品，把不需要的逐一清理。所谓四十岁的整理是指为了能按照计划并顺利实践自己全新的人生而做的准备。

随着年龄的增长，过去认为拥有的物品越多才越踏实，现在这种想法已经一去不返。我的父母以前住在非常宽敞的二层复式住宅里，其实对于他们来说并不需要这么大的空间。后来他们整理了一下行李，搬到了一个小巧精致的房子里。搬家前，边整理边丢弃的那种轻松和快乐至今记忆犹新。被清理掉的物品包括一些他们在步入老年之前并不需要的东西，这些东西之所以一直留着，并不是为了让自己的老年生活过得更好，而是单纯地觉得不能毫无理由和目的地扔掉而已。

其实，越是上了年纪就越应该享受极简生活。为了能让自己轻装上阵，充满活力地开启人生的第二篇章，在四十岁时整理一下一直陪伴自己的物品，只留下最需要的部分如何？

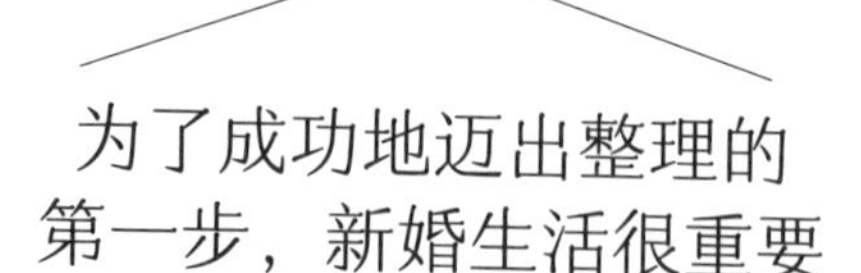

为了成功地迈出整理的第一步，新婚生活很重要

幸福的婚姻生活中，妻子调节气候，丈夫提供风景。

——杰拉尔德·布伦南

和自己希望共度一生的人组成家庭是世上最幸福的事之一。在全新的空间里描绘只属于两个人的人生画卷，是件非常令人激动和幸福的事情，所以两个人一起做任何事情都很开心。尤其是两个人一起按照对方的喜好来布置自己的幸福小家，简直没有比这个更快乐的事情了。

添置一套心仪的精美家具，橱柜里摆放漂亮的器皿，甚至认真挑选家里的每一个小摆件。为家里添置物品的每一个幸福瞬间便是新婚生活的开始。

然而我们要明白的是，此时千万不要只享受添置物品的快乐，我们还必须要考虑到收纳规则。诚然，新婚阶段并不能体会到整理的必要性和危机感。但随着物品的不断增加就会发现收纳空间的局限性，从而认识到整理的必要性。随着时间的推移，积攒的物品越来越多，结婚越久的夫妻就越无法摆脱整理物品的困扰。

因此，如果能够成功地迈出整理的第一步，那么在今后的生活中就会避免遇到整理问题。整理的第一步是在没有任何物品的状态下，先制定好自己的整理体系。如果从一开始就能建立起整理体系，那么即使时间流逝，也可以通过调整物品的位置和数量来保持整洁，这对长期维持整理状态将有很大的帮助。

制定整理体系和原则其实并不难。首先，将两个人的生活必需品和喜欢的物品区分开，然后确定每件物品的摆放位置。大部分人出于对婚房的期待与憧憬，都会用夫妻双方各自喜欢的物品来布置房子。但这样在后续生活中不仅会造成收纳空间不足，而且还会因为重复消费而导致过度支出，甚至会引发夫妻间的争吵。因此，一开始就需要区分物品，确定好每类物品的收纳位置，并标记好可以容纳这类物品的数量。与此同时还需要确定物品的总量，并制定出能够维持总量的规则。此外，一定要明确夫妻共同使用的物品和各自需要的物品的摆放位置，而且一定要确保这些物品不会阻碍空间动线，这一点也非常重要。

如今由于双职工家庭非常多，考虑到夫妻俩忙碌的日常生活，物品的摆放位置显得尤为重要，因此一定要尽可能地避免混放。另外，新婚阶段只有两个人，在物品数量的控制上还有一定的调节空间，但有了孩子之后，孩子的物品会不断增加，再加上育儿的压力越来越大，制定好的整理规则很容易形同虚设。因此，如果夫妻二人能从新婚开始就预留好充足的空间，养成适度添置物品的习惯，并能够制定物品摆放规则，那么即使以后家庭成员增加，也能轻松调节收纳物品的空间，还能拥有及时清理不必要的物品的洞察力。

最近，极简生活的盛行对新婚夫妇也产生了一定程度的影响。越来越多的夫妻选择在自己的小家中只摆放生活必需品，从一开始就轻装上阵，以极少的家具开启婚姻新生活。新婚阶段是能够确保拥有最少生活用品的唯一时期，与享受添置的快乐相比，如果能够做到适度添置，才能过上真正健康、幸福的婚姻生活。

划分好父母和孩子之间的界限

一对即将迎来双胞胎的夫妻为了能让自己的房子看起来干净整洁，特地向我寻求空间重组和整理方法的指导。这对夫妻询问，如何才能合理地摆放为即将出生的双胞胎准备的床和物品，这个问题给他们造成了非常大的困扰。而且，考虑到马上就要搬家了，因此他们还在犹豫是否还有立刻进行空间重组和整理的必要。

对于准备迎接宝宝出生的夫妻来说基本都经历过这种困扰。对此，我给出的回答是必须立刻开始整理。即使马上就要搬家，如果在没有整理好的状态下搬家，那么还是会继续保存那些不需要的物品，因此在搬家前整理好会更有效率。

对于准备生宝宝的家庭来说，如果对今后家里的物品会越来越多这个事实不提前做好准备，随着时间的推移，整理会越来越困难。因为育儿比较辛苦，这些不需要的物品不仅会侵占夫妻的空间，就连孩子玩耍的空间也不会放过，最终只能让所有人都倍感压力。

生产和育儿并不简单。有的人还会患上产后抑郁症，所以对于生产期的女性来说，无论是在心理上还是环境上，能够保持情绪稳定是非常重要的。在生产之前，进入妊娠安全期之后，趁着身体还算灵活，一定要确定好育儿空间和物品的摆放位置。在自身能够承受的范围内，慢慢准备好孩子的空间，这不仅能为母子关系打好基础，还有助于保持情绪稳定。等孩子出生以后，需要给孩子换纸尿裤、冲泡奶粉、洗澡等，由于之前没有经历过这些事情，所以整理绝对不是件易事。

回想一下育儿所需的物品可真不少。从最基本的纸尿裤到能够辅助育儿的用品是数不胜数。对于这些育儿用品，不要无条件地减少，而要适量购买，并采用可以随时应变的育儿整理方法。

从最近公布的针对申请产假的统计数据来看，5 人中有 1 人是男性。此前，育儿责任一直由女性来承担，但随着育儿责任意识的普及，男性也开始参与育儿。这种趋势给育儿市场也带来了新变化。专门为爸爸们设计的育儿用品正在增加，也广泛推出了符合男性尺寸的育儿用品。预计今后夫妻双方共同承担育儿责任的育儿文化会占据社会主要地位。

然而，随着育儿用品种类的不断丰富，家庭购入的育儿用品也在逐渐增加。这些育儿用品虽然在一定程度上能够减轻父母育儿的压力，但很多用品其实并没有物尽其用，而且也没能很好地进行整理。如果去有孩子的家庭拜访就不难发现，大部分家庭的夫妻和孩子都没有属于他们的房间，而且家里到处都塞满了孩子的物品。对此，很多人认为这很正常，没什么大不了的，但我想对有这种想法的人说，为了给予孩子充足的爱，传递父母的情感，一定要让孩子对父母的空间产生敬畏感。父母也需要休息，而且拥有只属于父母共处的时间对于他们来说也是非常重要的。

为了能把父母和孩子的空间区分开，最好是确定物品的摆放位置。没有固定位置的物品当然会随处乱放。在孩子出生之前一定要提前规划家里的结构，每个房间都设计好放什么，孩子的房间只放孩子的物品。另外，还要考虑一下父母的空间设置在哪里，在重新确定好这些之后再摆放物品，看不见的界限就会随之出现，之后再确定整理的原则。大家千万不要忘记，比产前准备生产用品更重要的事情是整理，此时整理会大幅减少能量消耗，使之可以坦然面对随之而来的育儿压力和负担。希望大家能够记住，为最珍贵的孩子打造属于他们的空间，就是整理。

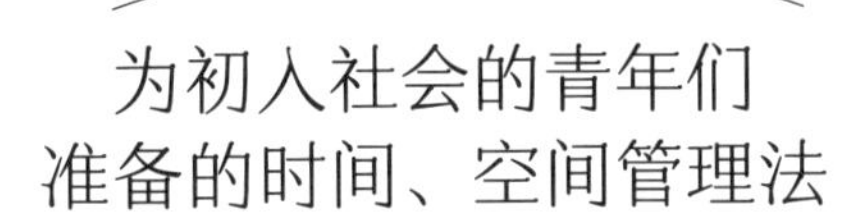

为初入社会的青年们准备的时间、空间管理法

据统计厅2020年10月的统计数据显示，韩国青年失业率为8.3%，青年失业人数达34.1万人。由于需要就业的青年增多，甚至出现了“待业青年”这个新名词，这已经超越个人问题成为社会问题。再加之新冠肺炎疫情的影响，就业更是难上加难。对于那些正在品尝应聘苦酒的待业青年们来说，疫情使他们没有办法参加入职考试，只能不断叹气。我认为，为了能让这些无法跨越就业难关的青年们克服抑郁感和缺失感，社会应该做的事情就是不断地鼓励他们。

此外，在不断鼓励这些待业青年的同时，还要让他们学会在新环境维持健康、良好的人际关系，做好本职工作的准备。现在有很多青年在就业之后因为工作压力和人际关系出现问题而最终选择了辞职。所谓的就业准备，不仅需要做好能够入职的准备，同时还要做好能顺利迈出步入社会第一步的准备。

只有3%具有长期明确目标的人，25年来从未改变过自己的人生目标。

——《哈佛时间管理课》徐宪江

能够尽快就业固然好，但对于那些拥有明确目标，不轻言放弃的青年来说，最好的机会已经到来。不要操之过急，要制定好长期目标，确定好优先顺序，然后再分配好时间，这样可以更有效地进行自我管理。

管理时间与整理物品有异曲同工之处。合理分配时间就像合理划分整理区域，选择时间就像选择物品，拖延时间就像推迟整理。

虽然很多人都认为时间管理很重要，但也有很多人对此漠不关心。如果能明确制定出今后的奋斗目标，那么就会管理好时间。因为明白有更重要的事情在等待我们去做，所以不可以浪费时间。均匀分配时间，空闲时间充分休息是为了能够达成长期目标而进行的最基本的时间管理。对于能够管理好时间的人来说，管理周边环境也不会有困难。就像用选择、分配、安置、习惯这四种方法来管理时间一样，在整理个人空间和工作空间时也可以采取这四种方法。与杂乱无章的空间相比，在整洁的空间里学习、工作，效率自然会提高。究其原因，凌乱的物品很容易吸引人们的视线，不仅会给人一种散漫的印象，同时还会让家里的空间变得越来越小，导致身心都一直处于紧张状态。最近受新冠肺炎疫情的影响，人们的居家时间增多，房子的功能也朝多用途方向发展。待业青年也一样，不能在自习室学习，也无法出门享受娱乐生活。那么，就需要为他们营造出一个即使长时间坐在书桌前也能感到舒适的学习环境。书桌上不要摆放太多东西，养成只放三四种必需品，其余物品都放在抽屉里的习惯。书桌上的东西少了，就有更多的空间用于学习，如果再配一张安乐椅，让中间休息成为一种享受，那么就会拥有一个能够净化头脑和心灵，让自己集中精力的空间。

此外，身心也需要健康，为了维持健康的生活，可以打造一个既可以享受兴趣爱好，又可以进行室内运动的空间。为了充分利用空间，除了必备的家具和物品外，不要把无用之物留在这里。精简家具和物品是多功能住宅时代最必要的第一阶段。

与空间管理同样重要的是时间管理。我们不会因为年轻就能一直健康。为了能通过良好的饮食习惯和适当的运动来维持健康，时间管理中一定要包含运动时间。此外，为了能够保持心理健康，还必须包含必要的休息时间。空间和时间整理结束后，就要开启思绪整理了，可以先从整理过去开始。执迷于过去会成为走向未来的绊脚石，因此一定要好好整理。失败不仅能给内心带来伤害，有时还会因为过于疼痛而一蹶不振。因此，在心里的伤口变得更深之前一定要尽快剜掉脓疮。空间整理、物品整理、时间整理、心灵整理，所有的这一切都需要自己去做，同时也是所有人都能做到的事。

> 累的时候画上逗号，想为自己加油的时候画上感叹号，这就是人生。千遍不行就万遍，万遍不行就去寻找其他的路，这就是方法。
>
> ——《以你为名的青春》金成熙

当今是需要相互安慰和鼓励的时代，需要年轻人安慰长者，也需要长者激励年轻人。尤其是刚刚步入社会的职场新人和待业青年，他们更需要充满温暖的安慰和鼓励。

致还在犹豫是否要进行整理的你

整理是继续新生活的一个“仪式（Ritual）”，并不是简单地清理物品。生活中我们会遇到无数次需要进行整理的瞬间，也会因为出现各种原因和目的而需要进行整理的情况，还会面对一些在我们无法控制的情况下，需要进行时间整理和记忆整理的瞬间。

无论是刻意还是偶然，人的一生无法避免整理。整理是过去与现在的交叉点，它是为了开启新生活而出现，因此不要逃避，勇敢面对。哪怕每天只抽出30分钟时间来整理自己的物品。在清理物品的时候，把之前一直想要忘记的过去和习惯也一并从记忆中抹去吧。不知不觉就会发现，在重塑心理的过程中，空间也在发生新的变化。

整理可以慢慢进行，但却是每个人都必须要做的一件事。

Chapter 5

◇◇◇

不可错过的
空间整理小窍门

◇◇◇

提高狭小空间利用率的整理方法

有效利用缝隙空间

从阳台和玄关开始整理

咖啡店般的厨房整理风格

展厅般的衣帽间整理风格

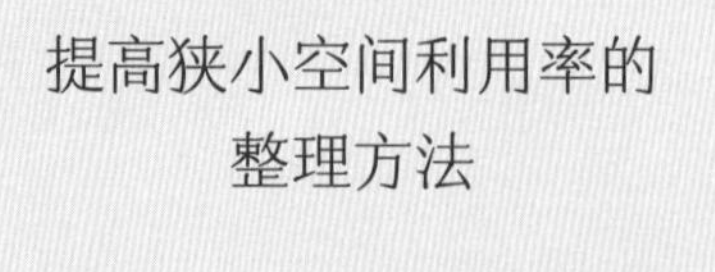

提高狭小空间利用率的整理方法

为了提高有限的空间利用率，需要空间重组，重新摆放家具，甄选物品，清空不需要的部分。通过清理物品可以发现被隐藏的空间，合理摆放家具、有效收纳物品，以及正确使用收纳工具就能够提高家庭空间的利用率。

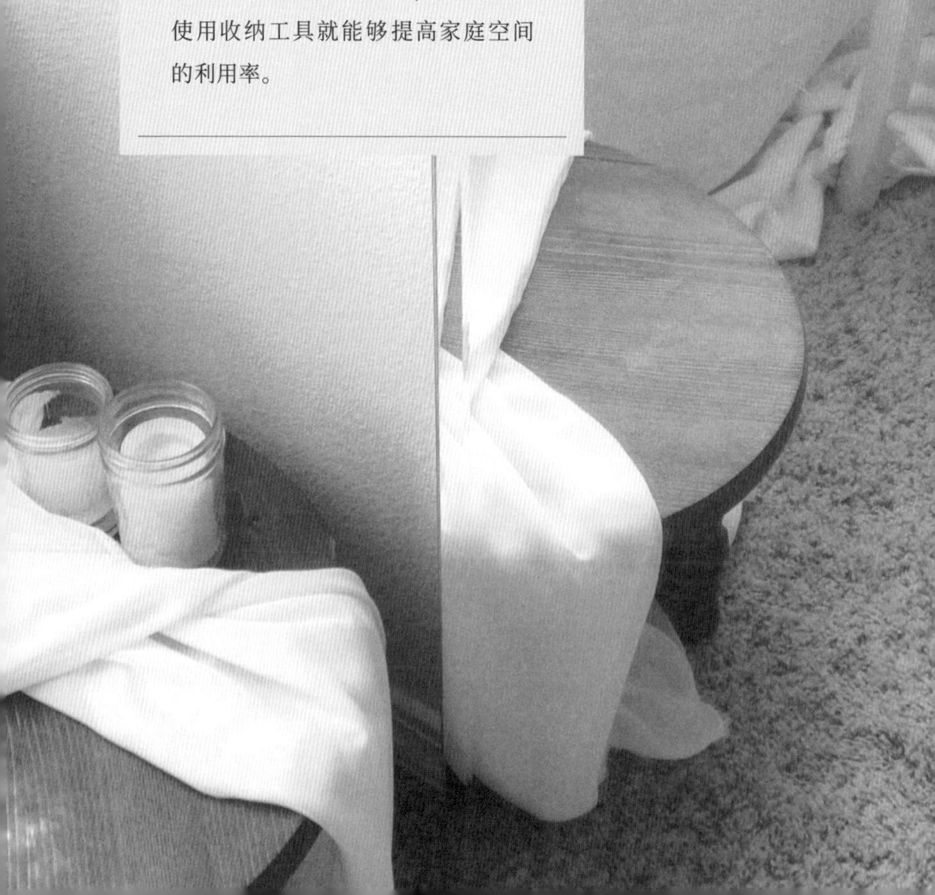

不需要室内装修
就可以提升利用率的五种方法

不需要室内装修也能让空间变得宽敞的方法。先确认空间内的家具是否按照动线和结构布置后，再重新放置家具，或者舍弃一些家具，确保有足够的空间，然后再对物品进行分类，按照确定好的摆放位置进行收纳，这样就能实现在不进行任何特殊装修的情况下完成空间重组。

before

after

① 确认所需空间

为了让因过多物品和多余家具而拥挤的空间变得宽敞，需要在日常整理之后，再拓展出一些新的空间。这时就需要我们先确认需要多大的空间来完成自己想要做的事情。

下面就让我们一起来了解一下如何打造出用于居家办公的书房、丰富生活的兴趣房、身体管理的运动房等全新空间的整理方法吧。

② 寻找隐藏的空间

不通过室内装修工程，当你把不需要的家具和物品进行清理之后，之前隐藏的空间就开始显现出来。在整理出的空间重新布置家具，确定好物品的位置进行收纳，将其打造成自己想要的全新空间。

③ 挑选物品

确认好现在每个位置摆放的物品是否有用，然后根据确认结果移动物品或者彻底丢弃。无论怎么布置家具，只要不简化物品，就无法打造出宽敞的空间。为了创造更大的空间，最重要的就是清理物品。

准备四个大箱子，给物品分类。需要彻底丢弃的物品放在“垃圾箱”中，需要移动到其他空间的物品放在“移动箱”中，需要修理之后再用的物品放在“修理箱”中，需要捐赠给其他地方的物品放在“捐赠箱”中。之后再单独准备一个箱子来存放难以抉择是否需要丢弃的物品。给自己一些考虑的时间，等达到了一定的数量，或者到了自己预留的时间后再决定是丢弃还是继续使用。

④ 重新摆放家具

根据家具的用途和平时的动线重新摆放家具。确定家具是否需要移动到其他位置继续使用，还是直接丢弃。家具的整体风格一致会给人一种干净利索的感觉，但有时摆放一个与众不同的家具也许会让空间变得更加漂亮。从入口处开始就要放一些低矮的家具，以确保视线开阔，一定要注意家具的大小和高度，摆放的位置尽量不要堵塞空间而让自己感到憋闷。

⑤整体风格要符合空间所呈现的主题

通过重新放置家具和整理物品来重塑空间时，设计风格一定要符合各部分空间的用途，这样打造出来的空间才能更加完美。这里需要注意的是，切忌使用夸张的饰品或者沉闷的颜色。

有效利用缝隙空间

重塑空间之后虽然可以扩大空间，但如果收纳空间不足，可以充分利用家里的缝隙空间。能够有效利用缝隙空间的方法中，最具代表性的就是灵活使用冰箱或者洗衣机等大家电周围的缝隙空间。

可以让空间增加两倍的生活用品

① 伸缩杆

为了更加有效利用衣柜或其他家具的剩余空间，可以用两根伸缩杆搭成槅板，这样狭窄的空间也可以有效利用起来。

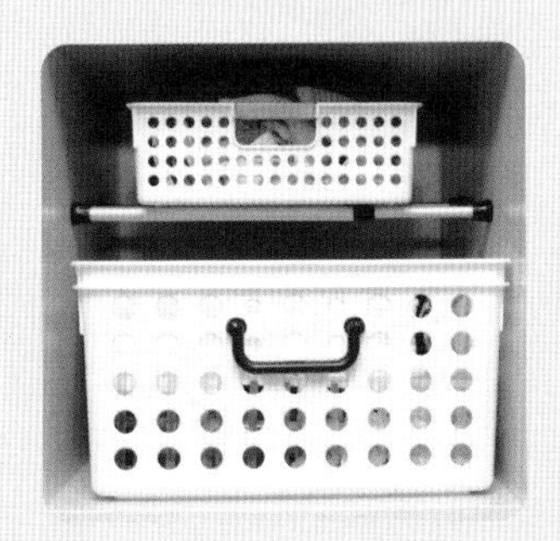

② 收纳家具

如果购买的家具是具有收纳功能的，那么不仅可以解决空间窄小的问题，还可以将其当成装饰品来使用，为狭窄空间的有效利用提供了很大帮助。

双层床放在卧室、书房，能够将空间变成复式结构。

将需要长久保存的物品放在可以实现收纳功能的家具里，如床、长椅、带有储物柜的桌子等。

狭窄的厨房使用爱尔兰风格的餐桌不仅可以节省空间，还能兼顾收纳功能。

榻板能够起到划分空间的作用，如果选用的榻板能实现挂物品的功能，就不需要在墙上打孔，那么可以更加有效地利用空间。

从阳台和玄关开始整理

为什么要先从阳台和玄关开始整理呢？为了维持健康的环境，经常通风换气是非常重要的。虽然窗户可以实现部分空间通风换气，但如果想实现全屋通风，就需要利用阳台和玄关了。因此，阳台和玄关处一定要清空物品，以确保空气能够良好地循环，达到通风换气的效果。最近，越来越多的人找到我，希望拆除阳台的收纳空间，转而把阳台打造成特别的空间。

玄关可以说是一个家的脸面，能够给人留下第一印象，因此在设计上最好强调干净、整洁、明亮。

鞋柜整理方法

1.不穿的鞋子收起来，不要到处堆放。

2.按照材质、季节、使用频率来确定收纳空间。

3.要灵活使用鞋架、伸缩杆等物品，提高收纳效率。

4.不要把刚脱下来的鞋子直接放在鞋柜里。

5.要注意除湿防潮。

6.把购物袋放在鞋柜里，便于外出时拿取。

7.使用后的雨伞晾干后，折叠伞可以放在收纳篮里，长柄伞可以放在雨伞架上。

①鞋子收纳

在整理鞋子的时候，一定要把女鞋放在一眼就能看到的地方，方便女性选择。男鞋要露出后部，方便拿取。

对于小型鞋柜来说，使用收纳鞋架虽然可以收纳更多的鞋子，但如果能够清理长时间不穿的鞋子，鞋柜的空间会增加很多。外出时打开鞋柜的瞬间，也能够让自己感到愉悦。

伸缩杆搁板 在鞋柜挡板中间安装两根伸缩杆就会多出来一排收纳鞋子的空间，这样就可以收纳比原来多一倍的鞋子。

② 雨伞整理

在收纳雨伞的空间里安装一个伸缩杆可以防止雨伞倒地，还能有效利用夹缝空间。当收纳鞋子的空间不足时，可以把鞋子进行蛇形排列，这样就能够多放一双。

阳台整理方法

阳台和杂物间在多数情况下会被当成仓库来使用。但是，如果能好好整理这两个空间，就会在很大程度上解决空间不足的问题。

家里可以成为居家办公的场所，也可以成为实现自己兴趣爱好的空间。如果想把阳台打造成全新的空间，可以进行如下几种设计。

before

after

①整理阳台仓库

当物品收纳空间不足时，没有什么特别功能的阳台和杂物间就会堆满物品，充当仓库的角色，有时甚至连窗户都打不开。这样的阳台是一定要进行整理的。

清空不需要的物品后，确定好剩余物品的位置，保证物品的存放量不会再出现超负荷的情况，一定要将其整理成有通道的阳台。

② 阳台变身术

最近有很多家庭选择扩大阳台的面积，将其装修成客厅的延伸。因为阳台的面积并不小，只用来当仓库有些浪费。如果想合理化使用阳台，就需要空间重组，让它彻底发生改变，把它打造成另一个空间。下方照片中呈现的就是把阳台打造成了既可以休息，又可以化妆的空间，但最好还是使用木制家具，而且还要安装暖气，或者是在完全没有湿气的阳台上打造。

before

after

before

after

上面的图片中，杂物间放置了可以储藏食物的储藏柜。但最好是安装上遮光板，以避免食材被晒。

上图是把阳台改造成了孩子们的第二个娱乐空间。可以定制一个孩子们能够轻松上去的地台，地台下面的空间可以用来收纳。

咖啡店般的厨房整理风格

厨房是做家务时占用时间最多的空间，为了减少家务劳动的疲惫感，有效地规划动线，物品的布置也一定要保证方便拿取。此外，厨房除了可以做饭、吃饭以外，还可以是与家人和朋友一起聊天、喝茶的空间。

厨房整理必查事项

1.物品种类繁多。
2.物品混放。
3.物品的摆放没有考虑动线。
4.不能有效利用抽屉。
5.积攒需要清理的物品（一次性塑料桶、玻璃瓶等）。
6.存在与厨房无关的物品。
7.橱柜上除小家电外，还放了许多其他物品。

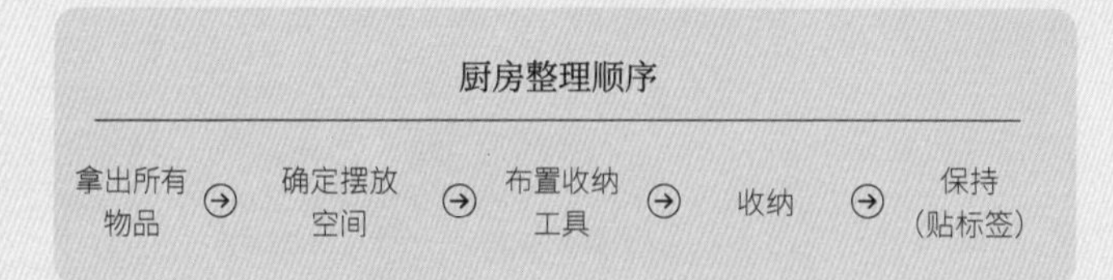

① 确认厨房物品用途的方法

确定厨房里不需要的物品时有三个标准。可以按照日常使用的物品、可以使用的物品、有很多回忆的物品，这三个标准进行分类整理。

尤其是那些已经使用很久，无法继续使用的物品一定要果断丢弃。老旧的海绵、案板、烹饪工具等一定要保证卫生。

罐头类等食材先确认保质期，如果已经过期就马上扔掉。

检查一下所有的碗是否都在使用。如果因为喜欢收集碗盘而大量购入，导致空间不足，那么这就不叫收集，完全可以看作是囤积。虽然物品可以分为用来使用和满足兴趣两类，但无论是哪一种类型，如果超过一定数量，导致收纳空间不足，那么就一定需要对它们进行选择与分类。碗可以按照家庭人口数量进行分类收纳，类似接待客人用的碗等需要保管的器皿可以放在碗柜里起到装饰作用，还可以放在我们平时够不到的地方。

② 收纳规则

按照平时自己干活的顺序制定出有效率的动线。如果动线合理，不仅可以减少劳动的疲惫感，使用起来也更方便。厨房的动线根据橱柜的布局可以分为一字形、ㄱ字形、ㄷ字形，其中ㄷ字形动线最有利于烹饪和移动。

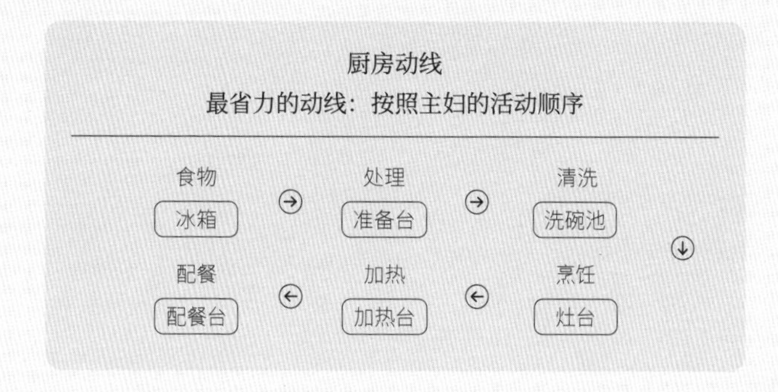

按照主妇平时的活动顺序来设计橱柜、收纳物品会让动线更有效率。确定好动线之后再确定收纳空间。按照使用频率、大小和种类进行分类，然后再确定要放置的位置。此时，比较重的物品放在橱柜的下方，不经常使用的物品放在不易够到的地方保存。餐具类、小家电和食材类是厨房存放的主要物品，其余不在厨房使用的物品需要拿到其他空间，这样才能让厨房变得干净、整洁。

厨房收纳规则

1.牢记厨房最基本的功能。

2.按照自己的活动顺序制定出动线，然后按照它来收纳物品。

3.即使用途相同，也需要分开保管。

4.在收纳家具中有效使用正确、便利的收纳工具。

5.平底锅要立起来保管，避免叠放。

6.杯子采用便利店的收纳方法，按照各自的用途放置在合适的位置。

7.位于上方的橱柜放置轻便的物品，位于下方的橱柜放置沉重的物品。

8.食材一定要标记保质期和使用期限。

细化收纳的原则

我们一般都是按照使用频率、用途、种类进行分类，确定收纳空间，之后再开始收纳，如果要将收纳细化，可以按照下面的方法进行。在收纳物品的时候，一定要牢记调整物品数量的方法和收纳方式。

如何分类?

按照空间—洗碗池、灶台、加热台、橱柜上方的橱板、抽屉、下方橱柜
按照种类—按照餐具、炊具、食材进行分类收纳

根据不同橱柜的结构和使用者喜好，整理的顺序也会稍有不同，但如果能按照下面的顺序进行整理会更有效率。

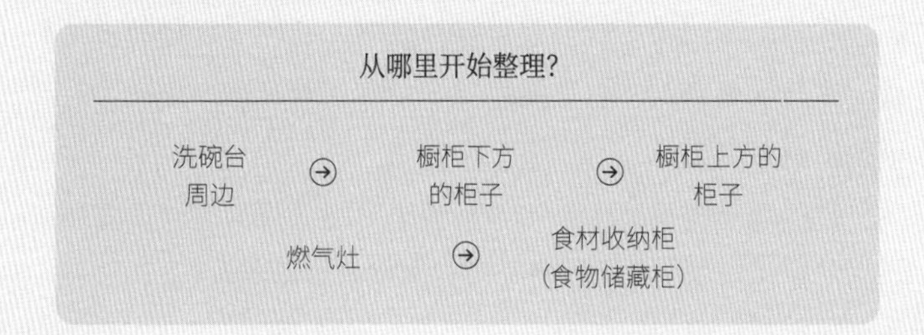

整理收纳的原则

原则	内容
限定总量的原则	确定好物品的总存放量，然后再进行适度调整 ——751原则 只收纳70%的物品，其余物品中50%可以裸露在外面存放，展示用的物品减少至总量的10%。 ——更换原则 以确定好的物品总量为基准，确定清理和收纳的数量。
三分原则	分成三类会更容易。
一键原则	拿取物品时，尽量只用一个动作完成。
竖立原则	把物品立起来收纳，一眼就能看得见，可以轻松找到想要的东西。

如果不对物品存放数量进行调整，那么很难维持整理效果。因此，最重要的是收纳物品的时候一定要让物品容易被我们发现。当某件物品用完时再购入，制定好清理（清理不需要的物品）规则，按照设定好的总量进行收纳。这样可以避免重复消费，尤其是食物类，一定要养成少量购买的习惯，这样才能真正防止食物浪费。

收纳物品最重要的意义不是为了美观，而是能够正确使用物品，保持物品的既定位置，让整理不再成为难题。

厨房的重点：橱柜的整理

① 橱柜上方柜子整理方法

厨房用品中有很多易碎材质制成的器皿，因此在收纳的时候能够做到安全、便利是非常重要的。在狭小的空间收纳器皿时，可以使用收纳卡槽，方便拿取。把器皿进行分类，尽量把同类器皿放在一起，如把同类型的杯子排成一排进行收纳就会避免在拿取后面的杯子时产生危险与不便。由于我们很少去关注橱柜的最上方，所以一般会放一些不经常使用的物品，如果使用收纳筐将同类物品放在一起，届时我们只需要拿出来收纳筐就能轻松找到需要的物品。如果需要收纳如水瓶、保温杯这类的圆形且有高度的物品时，可以使用槅板型的收纳工具，这样会更加安全，还能做到灵活收纳。

牛奶盒升级再利用：保温杯收纳

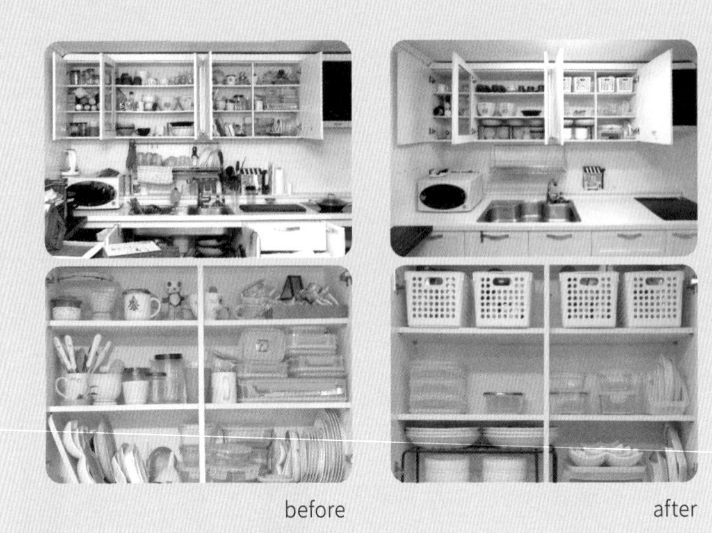

before　　after

② 橱柜下方整理方法

橱柜下方的空间包括洗碗池下方的柜子、灶台下方的柜子以及位于其他橱柜下方的柜子。灶台下方的柜子可以放一些烹饪时需要用到的调料及炊具，一站式收纳，方便拿取。由于调料一般都需要用各自的容器储存，在使用的时候想把位于后面的调料瓶拿出来非常不方便，为了解决这个问题，我们可以使用收纳筐进行储存，这样可以实现轻松拿取。

洗碗池下方有排水设施，并不是收纳的好选择。把这里空出来又觉得可惜，所以我们可以安装一个椭板型置物架，用来存放一些厨房用品。但需要注意的是，这个地方最好不要放置容易受潮的调料或者木质的厨房用品。

③橱柜抽屉整理方法

我们通常都会把厨房的一些杂物放在橱柜的抽屉里。由于关上之后就看不见了，无意之间就会让里面的物品混在一起。因为我们需要根据空间的形状和大小来收纳必需品，橱柜的抽屉也不例外，所以需要根据抽屉的高度来收纳一些必需品。筷子和勺子可以分开放在抽屉里，这样不仅可以一眼就被我们发现，而且还能有效防止灰尘污染。洗刷好的筷子和勺子晾干后直接放在抽屉里进行保管，既方便又卫生。

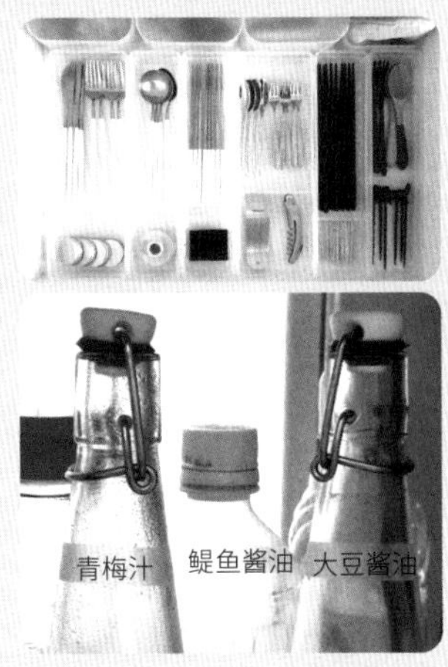

在确定好厨房物品各自的存放位置之后需要做的一件事就是贴上标签。尤其要标记食品的有效期和存放时间，安全收纳最重要。

厨房里的大块头
——高柜子和食物储藏柜

①高柜子使用方法

高柜子和食物储藏柜可以作为厨房收纳的延伸。这两种柜子一般会用来放一些食物或者必须要放在厨房的物品，基本都是带槅板的，因此在收纳的时候需要考虑物品的使用频率、重量和大小等。由于柜子最上面的空间不容易够到，所以可以放一些一次性用品或者使用频率比较低、重量较轻的物品，这样可以防止槅板变形，拿取的时候也比较安全。药品放在储物柜里保存是个不错的选择，尤其是保健品类的药物放在离厨房较近的地方会方便服用，因此适合放在高柜子或者食物储藏柜中。但是如果家里有小孩子，就需要把这些保健药品放在小孩子够不到的位置上，分类收纳，方便拿取。在保管食物的时候，需要把比较重的食物放在下方，为了避免重复购买，需要确定好数量后再开封，同类食物最好垂直收纳。

橱柜的收纳空间不够时，也可以用高柜子来收纳一些厨房用品。在收纳的时候一定要注意，不要一打开柜门，物品就掉落下来，可以和橱柜收纳使用同样的方法，按照种类、使

before

after

用频率进行收纳，较重的物品放在柜子下方，既可以防止柜子变形，又能保证拿取时的安全性。

② 食物储藏柜使用方法

厨房附近存放食材的空间被称为“食物储藏室”。为了在烹饪的时候能够轻松拿取到自己需要的食材，一般把食物储藏柜放在离厨房最近的位置。食物储藏柜一般用来存放食材，但当收纳空间不足时，也可以像高柜子一样用来存储一些厨房用品或者未开封的生活用品。食物储藏柜一般都是搁板型设计，因此和高柜子一样，下方摆放较重的物品，最上面摆放不经常使用的物品。为了方便确认食材的库存量，可以灵活使用篮子或者包装盒，在里面放上收纳筐，个别开封的食材垂直摆放在托盘上，这样不仅可以有效避免重复购买，还能便于我们选取。

如果厨房没有高柜子或者食物储藏柜，还可以使用家具。把家里不用的榻板型家具放在厨房的角落或者放在符合厨房家具风格的位置上，用篮子、收纳筐、箱子分类盛装物品，然后再放在柜子里即可。

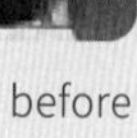

before

after

样板厨房小贴士

① 用收纳器具轻松打造干净厨房

在使用边角空间或打造抽屉型收纳空间，抑或是为了确认库存而进行垂直收纳时可以使用一些收纳器具。

收纳器具的种类有很多，比如篮子、收纳筐等，还可以使用回收物品制成收纳器具。

存放碗盘等餐具的时候可以使用很多收纳器具。在选择橱柜内部使用的收纳器具时，不仅要根据具体用途进行选择，正确测量需要使用到的空间尺寸也非常重要。为了减少挑选尺寸时的不便，可以使用伸缩架。

在收纳平底锅的时候最好也用收纳器具单独存放。大部分平底锅内部都有涂层，如果叠放在一起，上面的锅底会碰到下面的锅身，容易蹭掉涂层。可以实现单独存放平底锅的专门收纳器具很多，但我们可以使用家里现有的篮子或者文件盒来替代专业器具实现收纳效果。

利用橱柜门板来进行收纳可以最大限度利用狭窄空间，但是如果长时间存放比较重的物品会导致门板变形，所以一定要注意。

在门板的内侧设置上用轻便的挂式收纳盒来存放物品可以避免门板变形，做到有效利用空间。

把干燥的食材放在不用的玻璃瓶或保温杯中，贴上标签，由于可以有效防潮，因此可以做到长时间保存。此时，如果把食物保存用硅胶贴到盖子的里侧，防潮效果会更好。

厨房整理风格

通过清理分开存放物品和集中存放物品中不需要的部分，将剩下的物品放在合适的地方进行收纳，可以打造出干净、整洁、宽敞的厨房。最近，很多家庭除了厨房原有的功能外，还考虑到了能够和家人或朋友面对面坐下共度美好时光的需求，因此对厨房进行了重组。通过整理，再用一些小物品进行简单的装饰，就能够打造出拥有咖啡厅般氛围的厨房。

做饭的时候能够看到家人的身影要比自己孤身一人面对着白花花的墙壁更让人愉悦。尤其是当自己做饭的时候能够看到坐在饭桌前学习或看书的孩子们，会让人觉得厨房不仅

before

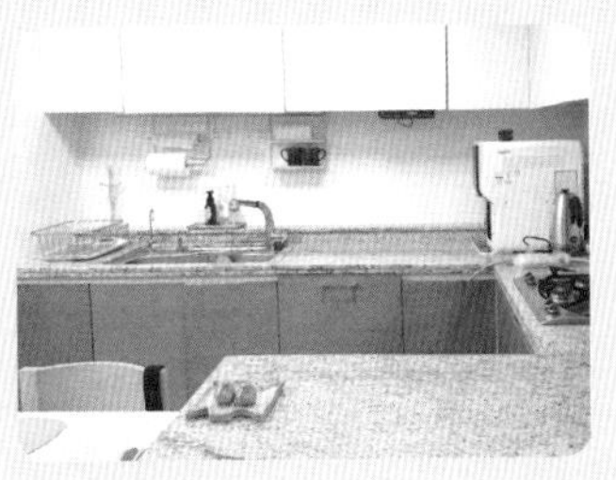

after

仅是做饭的地方，还是可以和家人一起做各自喜欢的事情的舒适空间。

就算是调整一下餐桌位置也会让氛围发生变化。原本看起来非常不利于移动的狭窄空间变大了，有时改变一下餐桌的摆放方向，也能让空间看起来更宽敞。

重组厨房的空间即使没有太大的变化也没关系，单凭改变餐桌的摆放位置和方向就足以让厨房显得宽敞。

before

after

展厅般的衣帽间整理风格

衣服是日常生活中必不可少的物品，所有人的家中都有衣服。区别在于有多少衣服，再就是如何进行收纳。大部分家庭都会把衣服放在衣柜里，或者挂在衣帽架上，有的家庭还有专门的衣帽间。收纳和保存衣服的方法有很多，但我们要明白的是，衣服不仅是可以遮盖我们身体的工具，也是展现个人时尚品位的工具。因此如果把衣柜整理成在我们挑选衣物时可以给我们带来快乐的状态，那么家里的衣帽间也能被打造成展厅一般。

收纳终结王——衣帽间

① 有效利用衣帽间

before

after

把物品清理出来后就会发现之前被隐藏的空间。原本专门用来收纳衣服的衣帽间也可以用来收纳其他物品。所有的空间经过整理，其功能都可以变得多样化。

现在要说的就是一个因为衣帽间收纳空间不足，而将一部分衣服挂到阳台的实例（见上图）。阳台每天都有阳光照射进来，而且还没有取暖设施，可能会损坏衣物。因此，我们可以清理出衣帽间里不需要的衣服和物品，这样就会有足够的空间来安置挂在阳台上的衣服。而且，原来因为窄小而无法踏入的衣帽间就会腾出一些空间来，我们甚至可以把腾出来的这些空间打造成可供我们休息的空间。例如，将放在其他房间的收纳箱挪到衣帽间里，上面放上电视，一个可供休息的空间就诞生了。下图是将卧室空间进行重组，分离出一个衣帽间的实例。卧室是用来睡觉的空间，因此要尽量避免放过多的家具，利用剩余空间可以打造出一个全新的空间。最具代表性的就是用家具或假墙将空间隔开，打造出一个衣帽间。即使不打造壁橱或衣柜，如果有足够的空间，也可以通过分区来打造一个衣帽间。

② 分析衣柜和清理衣柜

整理衣柜之前，先观察分析一下自己的衣柜，然后再开始整理。在整理衣服的时候先选择需要留下的衣服会更简单一些。准备几个装衣服的箱子，把不要的衣服放在“垃圾箱”中。拉锁坏了或者扣子掉了，需要修理的衣服放在“修理箱”中。为了把不应该放在衣柜中的物品移动到合适的位置，可以先放在“移动箱”中。虽然自己不想穿了，但还能够捐赠出去的衣服可以放在“捐赠箱”中。“保留箱”中可以放一些暂时决定不了是否保留的衣服，在规定的时间内暂时存放。此时，一定要注意存放量和存放时间，尽快清空箱子。

对自己衣柜进行“诊断”	
STEP1 喜好程度和 使用频率	—— 喜欢并经常穿的衣服 —— 虽然喜欢但不经常穿的衣服 —— 既不喜欢也不经常穿的衣服
STEP2 衣服丢弃标准	—— 因为尺码小而不适合的衣服 —— 因为不适合而不穿的衣服 ——因为破损而无法继续穿的衣服 ——不再喜欢的衣服
STEP3 挑选留下来的 衣服	—— 按照季节挑选外衣、上衣、下衣、鞋子、包、饰品 ※ 可以按照自己的生活习惯制定 —— 挑选时以自己喜欢，且使用频率高的必要衣物为主（制定只属于自己的标准） 喜欢的衣服/适合的衣服/尺码合适的衣服/衣料状态好的衣服/过时的衣服

了解自家衣柜

① 首先找到问题点

在结束了前面介绍的分析和清理环节之后，为了能将留下的衣服放在衣柜里，我们需要先检查一下自己衣柜收纳的问题是什么，然后找到能够改善的方法。大家基本都是因为如下几点问题才导致收纳困难的。

寻找衣柜收纳的问题点

1.衣服过多。
2.没有进行分类（按照使用者，季节，材质）
3.不穿的衣服和忘记了的衣服混在一起放。
4.橱板里侧的物品拿不出来。
5.不能有效使用抽屉（横着收纳）。
6.包包和小物件掺杂在衣柜中。
7.衣柜塞得满满的，没有多余空间。

掌握了衣柜的问题所在，那么寻找解决方案就不是什么难事了。为了解决问题，下一步需要做的就是确定收纳空间。

② 最大限度减少不便的整理方法

确定收纳空间	——根据动线 ——按照分类标准
确定收纳方法	——按照空间（抽屉、搁板） ——收纳方式 ——使用收纳器具

首先，衣柜的布置也需要根据动线来确定，按照分类标准放置衣物，并明确标记放置在各空间内的衣服种类，这样就不会感到收纳衣服后更换位置的不便。

确定好收纳空间后再确定收纳方式，准备每个空间需要的收纳器具，一定要注意测量好各个空间的大小，以确保收纳器具的尺寸合适。

衣柜收纳解决方法
衣物过多→只留要穿的衣服
混放的衣服→果断分类（按照类别）
没有效率的搁板→灵活使用收纳器具
杂乱无章的抽屉→垂直收纳，制作小格子
不足的空间→随着清理的结束，问题自动解决

根据空间进行收纳

——同一类别：被子、夹克衫、T恤、裤子、裙子、内衣、帽子、围巾

——配套：正装与领带，帽子与围巾，运动类服装与用品。

——衣服形态：需要挂起来的衣服，可以折叠的衣服。

——一眼挑出：T恤、牛仔裤、内衣、袜子等可以折叠的衣物。

——使用收纳器具：符合橱板尺寸的收纳筐，有助于收纳的置物架，抽屉橱板，适用于边角空间的各种收纳器具。

每当打开柜门的时候都会身心愉悦的衣柜整理方法

①能够缩小体积的简单方法

先整理最占空间的床上用品更能确保剩余空间。如果是不适合出现在衣柜里的物品就需要把它们移动到适合它们出现的位置上。衣柜里只放衣服、小物品、饰物等，并分门别类地放好，确保能快速找到。如果是用有槅板的抽屉来收纳衣服，在取下方衣物时会很容易弄乱上方的衣物，因此需要使用收纳器具，将衣服竖着摆放，这样拉开抽屉的时候不仅能一眼看到，而且还能保证拿取时不弄乱其他衣物。抽屉里最好放一些能够折叠的衣物或者薄一点的被套。

包包由于体积比较大，所以通常都会放在衣柜的剩余空间里。但是包包一旦变形就很难恢复，因此一定要创造空间

before

after

来保管它们。有棱角的包包需要放一些填充物进去防止变形。为了防止染色，最好把包包放在防尘袋或者购物袋中进行保管。尤其是叠放收纳的时候特别容易染上其他颜色，所以一定要多加小心。

用挂钩进行收纳的时候由于衣服处于暴露状态，所以要格外注意保持整理后的状态。尤其是挂在门口处的衣服，因为是第一眼能看到的地方，所以如果挂一些亮色的衣服会把空间衬托得更大，视野也会感觉更开阔，因此前面一定要放一些亮色系的衣服。

② 正确使用衣架

在使用衣架的时候，一定要挑选适合衣服材质和形态的

衣架。尤其需要特别注意肩膀形态的夹克类衣服，一定要使用厚重的衣架，带防滑条的衣架可以保证肩膀处不会下滑，更适合此类衣服使用。

衣架需要根据衣料和衣服种类进行选择，过于厚重的衣挂非常占空间，所以尽量选用薄一些的，而且能够长久使用的材质。此外，衣架的类型如果能够统一，那么衣柜会显得更加整洁。

衣架

1. 使用适合衣服的衣架（西装要注意肩膀处的肩垫）。
2. 统一衣服悬挂的方向（根据自己习惯用左手还是右手，悬挂的方向会有所不同）。
3. 拿取衣服时连同衣架一起取出。
4. 按照长短、颜色、材质进行悬挂。

单品收纳
（同一种类）

① 代替抽屉的器具

挂好衣服后，有效利用衣柜里或挂钩周围剩余的空间能够解决空间不足的问题。把衣服挂在衣柜下方会余出一些空间。在这些空间用篮子或者收纳筐来收纳衣服，就像打造了一个抽屉。槅板型的衣柜也一样，也可以打造出抽屉式的收纳空间。

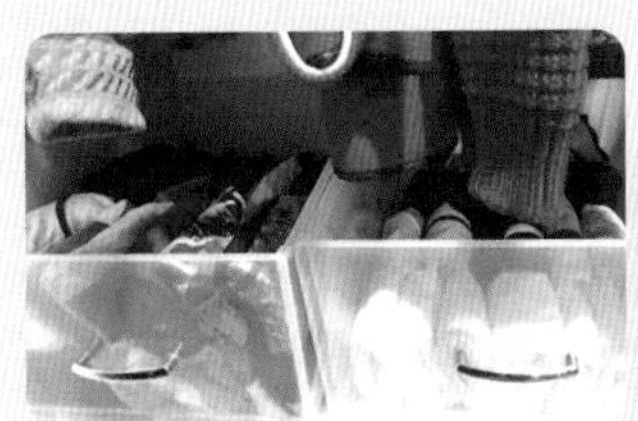

衣柜下方

槅板型衣柜

② 可以分离抽屉的器具

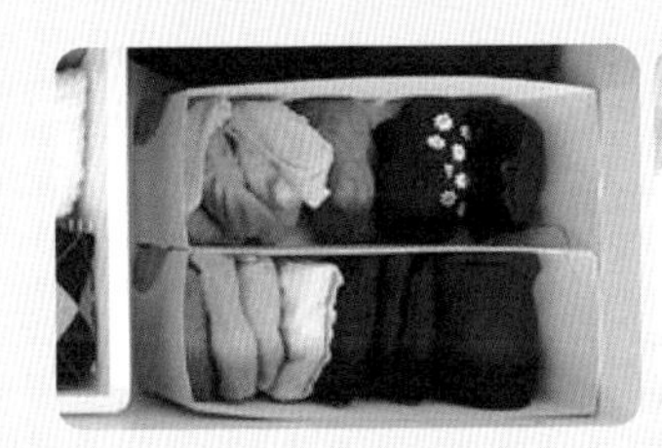

在抽屉里按照种类收纳衣服的时候可以灵活使用收纳筐或者购物袋、牛奶盒等物品，把抽屉进行分区。

把衣服按照季节分别装到不同的篮子里，需要的时候只需要抽出相应季节的篮子即可，这种分类方法非常有效。

③ 使用再生利用器具进行整理

淋浴帘的挂环可以用来收纳一些小物品和饰物类。把这些小物件用挂环挂起来能有效利用衣柜的缝隙空间。

淋浴帘挂环

冬季一过，体积大的羽绒服会占用很多空间，因此为收纳工作带来了困难。此时我们经常会使用压缩袋来缩小体积，但压缩袋的缺点是不通风，而且会导致衣服出现很多褶皱，难以复原。这时我们可以使用女生的长筒袜来存放羽绒服，这样不仅能减少体积，还能做到通风，下个冬天再拿出来时也不会变形。

长筒袜压缩袋

整理时如果需要使用收纳器具，必须将物品充分收纳在既定的位置后，还有剩余空间的情况下使用，或者是希望一眼就能了解数量和种类的时候使用。如果提前准备好收纳器具可能会用不上，因此最好是在整理结束后正确预测剩余空间的大小再进行准备。

为了使用衣柜或衣架，或者是为了能够保持可以收纳的量，需要根据收纳总量原则进行取舍。衣柜也需要呼吸，如果衣柜里堆得连想拿件衣服出来都很困难，这样不仅会造成衣料的损伤，还会导致衣服无法再穿的情况。因此，要经常进行可以轻松实现衣柜简化收纳的练习。

充分发挥自己的智慧，制定只属于自己的收纳方法，把衣帽间打造成干净整洁的展示厅一般。

结语

希望你能像慢慢旅行般，在家中描绘出自己的内心世界

作为为众多家庭提供过整理服务，体验过人生百态的人，我觉得大家出现无法进行整理的心情和状态都是正常现象，只是在现有状态下没有找到一定要整理的理由，抑或是想整理，可一旦开始又比较担心而已。其实我们真正需要整理的并不是自己的家，而是自己的内心。家的状态也许就是我们内心的体现。

家和内心有很多相似的地方，它们都需要去收拾、清理。内心的整理是相当困难的，很难按照自己的想法轻松实现。家也一样，我们经常都会感慨整理自己的家怎么会这么困难，没有时间也没有多余的力气。但实际上，我们

需要一些时间去思考自己的内心是否处于能够完成整理的状态。内心如果没有准备好，那么整理这件事就会变得非常痛苦。而一旦无法整理，内心则会更累。

希望大家在看到自己凌乱的房间时也可以审视一下自己的内心，也希望大家能够拿出勇气，就像战胜肉体和心理上的苦痛需要勇气一样，在整理内心和家的时候也需要勇气。只有这样，家才能变整洁，内心才能变强大。

结束整理后，与经历一场戏剧性的空间变化相比，希望大家能够把整理过程和每个瞬间当成是一场有趣的旅行。实际上，这也是逐渐净化自己身心的过程。

在撰写本书的过程中，我再次回想起之前通过整理实现治愈效果的客户们，就像是再次和他们对话一样，能够感受到他们温暖的目光。虽然我是为别人提供整理服务的人，但我并不只是通过空间来帮助他们治愈心灵，还通过整理的过程让我的内心得到满足。希望有机会能向他们道谢。

希望本书能为更多的人在空间和心灵上带来温暖。